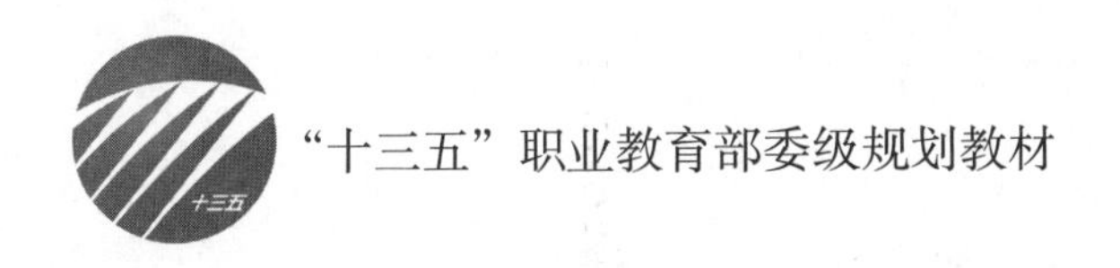

“十三五”职业教育部委级规划教材

毛织服装设计入门与拓展

林　岚　主编
刘莎妮娅　汪启东　副主编

中国纺织出版社有限公司

内容提要

本书主要讲述关于毛织服装设计实操的内容，共分为三章。从零基础开始介绍毛织服装设计的基础知识，涉及毛织服装设计相关的造型、材料、工艺、装饰及设计表达等各个方面，进而通过毛织服装产品设计基础实操十一个案例的学习，使学习者掌握对产品款式、色彩、花型、装饰的分析方法。编者对每一个案例都根据产品实际绘制出相应的设计图，以手把手的师徒式教学，帮助学习者了解毛织服装设计图的表达形式，使初学者很快掌握毛织服装设计的效果图和款式图的表现形式和方法。最后通过三个案例，全面学习毛织服装拓展设计的知识，即以一款毛织服装产品为原形，通过对款式、色彩、花型、针型、材料、装饰等设计要素的分析，掌握拓展设计的基本规律，实现对毛织服装设计融会贯通的学习目的。

本书可供各类纺织院校的师生参考学习，也可供相关企业工作人员阅读。

图书在版编目（CIP）数据

毛织服装设计入门与拓展 / 林岚主编 . -- 北京 ：中国纺织出版社有限公司，2020.5

"十三五"职业教育部委级规划教材

ISBN 978-7-5180-7260-6

Ⅰ. ①毛… Ⅱ. ①林… Ⅲ. ①毛织物—服装设计—职业教育—教材 Ⅳ. ① TS941.773

中国版本图书馆 CIP 数据核字（2020）第 052975 号

责任编辑：宗 静　　责任校对：寇晨晨　　责任印制：何 建

中国纺织出版社有限公司出版发行
地址：北京市朝阳区百子湾东里A407号楼　邮政编码：100124
销售电话：010—67004422　传真：010—87155801
http：//www.c-textilep.com
中国纺织出版社天猫旗舰店
官方微博 http：//weibo.com/2119887771
佳兴达印刷（天津）有限公司印刷　各地新华书店经销
2020年5月第1版第1次印刷
开本：787×1092　1/16　印张：6.25
字数：92千字　定价：59.80元

“十三五”职业教育部委级规划教材
毛织服装系列编写委员会

（排名不分先后）

前言

为适应毛织产业发展和专业人才培养的需要，根据高等院校纺织服装类“十三五”部委级规划教材编写精神，我们编写了全套高职高专和中职使用的毛织服装教材。该套教材涵盖了毛织服装专业教学的全方位内容，填补了全国毛织服装专业系列教材的空白，有效解决了高职高专开设毛织服装专业遭遇无教材的问题。

本系列教材分别是《毛织服装概论》《毛织服装设计入门与拓展》《毛织服装编织工艺实务》《毛织服装花型设计程序编制实务》《毛织服装缝制与后整工艺实务》《毛织服装跟单实务》等六本新编教材。

本毛织服装系列教材是以生产任务为导向，以完成生产任务式课程教学为目标的技术性实操专业教材，具有创新性、实用性和实践性等特点。教材内容贴近生产，以满足现代学徒制教学需要，实现职业教育大国工匠精神的育人理念。本系列教材由江学斌为总编，刘亮、邓军文为副总编。

本书由林岚担任主编，刘莎妮娅、汪启东担任副主编。具体编写分工如下：第一章由林岚、汪启东编写，第二、三章由刘莎妮娅、林岚编写，书中第二、三章的毛织服装设计图由林岚绘制。

在编写过程中，参阅了大量国内外毛织服装方面的文献资料，同时得到了同行专业人士的热心支持，在此一并诚致谢意。

由于编者水平有限，书中难免有所错漏和不足，诚恳接受广大读者批评指正。

编者

2019年9月

教学内容及课时安排

章/课时	课程性质/课时	节	课程内容
第一章 （16课时）	基础理论（16课时）		• 毛织服装基础知识
		一	毛织服装概述
		二	毛织服装的组织结构
		三	毛织服装的设计方法
		四	毛织服装的设计表达
第二章 （44课时）	应用实操（44课时）		• 毛织服装设计基础实操
		一	组合式披肩围巾设计
		二	彩条谷波短裙设计
		三	无袖高领毛织女装设计
		四	杏领间色长袖衫设计
		五	高领插肩长袖衫设计
		六	船领中袖挑孔女装设计
		七	圆领局部提花女装设计
		八	绞花开襟衫设计
		九	双层领冚毛直夹女装设计
		十	假两件套女装设计
		十一	青果领开襟男装设计
第三章 （12课时）	应用实操（12课时）		• 毛织服装产品拓展设计实操
		一	毛织花型拓展设计
		二	毛织女上衣拓展设计
		三	毛织连衣裙拓展设计

目录

基础理论——

毛织服装基础知识

课题名称： 毛织服装基础知识

课题内容： 毛织服装概述
毛织服装的组织结构
毛织服装的设计方法
毛织服装的设计表达

课题时间： 16课时

教学目的： 了解毛织服装的定义、分类、产品特点和设计特征，认识常用的毛织组织，了解毛织服装的各种设计方法，掌握毛织服装的手绘、电脑绘图等设计表达方式。

教学方式： 案例教学法、体验式教学法

第一章　毛织服装基础知识

第一节　毛织服装概述

一、毛织服装的定义

毛织服装又称羊毛衫、毛衫，是由一根或若干根毛纱、毛型化纤或棉线等纱线，由线圈互相串套连接而编织成的服装，主要通过收针、放针工艺来实现衣片的成型，属于针织服装系列中的一个门类。

传统的毛织服装主要通过手工编织实现，现代毛织服装大多由横编织机、圆筒编织机编织衣片再缝合成衣，部分高档毛织服装则是通过无缝横机、无缝圆机结合三维设计系统实现的全成型毛衫产品。

毛织服装原材料品种极其丰富，主要包括羊毛、羊绒、驼绒、马海毛、兔毛、棉纱、蚕丝、毛型腈纶、天丝等各种动物纤维及化学纤维。毛织服装设计也随着电脑织机技术的革新和时尚趋势变化而不断推陈出新，越来越多的服装设计师致力于研究这种可以从纱线就开始进行设计的服装类别。对于广大消费者来说，毛织服装以其款式丰富、穿着舒适、易于搭配等特点成为人们衣橱里必不可少的物品。

二、毛织服装的分类

毛织服装的花色品种繁多，分类通常可以按原料、纺纱工艺、织物组织、成形方式、装饰手法、编织机械和整理工艺等进行分类，下面主要介绍几种典型的分类方式：

1. 按原料分类

毛织服装按原料可分为动物纤维类、植物纤维类、混纺天然纤维类、各种毛与化纤混纺交织类、纯化纤类和各种化纤混纺类等，见表1-1。

表1-1　毛织服装按原料进行分类

分类	原料
动物纤维类	原料为：羊毛、羊绒、羊仔毛、马海毛、兔毛、绢丝等
植物纤维类	原料为：苎麻、亚麻、棉花等
混纺天然纤维类	原料由两种或两种以上天然纤维混纺和交织织物。如：羊毛/羊绒、羊毛/兔毛、羊毛/棉、羊毛/亚麻等的混纺或交织
各类毛与化纤混纺交织类	原料为各类毛与化学纤维的混纺和交织，如：羊毛/化纤（毛/腈纶、毛/锦纶、毛/黏胶纤维）、马海毛/化纤、羊仔毛/化纤、兔毛/化纤和驼毛/化纤等

续表

分类	原料
纯化纤类	原料为纯化纤纤维，如：涤纶、腈纶、锦纶、Tencel 纤维、大豆蛋白纤维、竹纤维和牛奶纤维等
化纤混纺类	原料为各种化学纤维的混纺和交织，如：腈纶/锦纶和腈纶/涤纶

2. 按纺纱工艺分类

毛织服装按纺纱工艺可分为精纺类、半精纺类、粗纺类、花式纱类。精纺类是由精纺纯毛、混纺或化纤纱编织成的各种产品，如蚕丝羊毛衫、精纺羊绒衫、精纺丝光羊毛衫等。半精纺类是由多种纤维混纺的产品，如绢丝/棉毛衫、羊毛/黏胶毛衫等。粗纺类是由粗纺纯毛和混纺毛纱编织成的各种产品，如兔毛衫、羊毛衫、羊绒衫、羊仔毛衫、驼毛衫等。花式纱线是由双色纱、大珠绒、小珠绒、自由纱等花式毛织绒线编织成的产品，如珠绒衫。

3. 按成形方式分类

毛织服装按成形方式可分为裁剪缝合、全成型和织可穿三大类，见表1-2。

表1-2　毛织服装按成形方式进行分类

毛织服装分类	特点
裁剪缝合	毛衫衣片的形状通过裁剪获得，再将各衣片进行缝合制成成衣。原料损耗大，一般适合于款式造型复杂或原料成本低的毛衫产品
全成型	毛衫衣片通过放针、收针工艺或织物组织结构的改变来达到毛衫各部位所需的形状和尺寸，衣片编织后不需裁剪，直接缝合制成成衣，多用于织造高档产品
织可穿（一次成型）	利用新型电脑横机，一次性编织出一件完整的毛衫，编织后无须缝合或很少缝合，只需经过后整理即可穿着，常用于高档毛衫

4. 按织物组织分类

毛织服装按织物组织类别可分为平针组织、罗纹组织、双反面组织、提花组织、绞花组织、扭绳组织、集圈组织、移圈组织、嵌花组织、挑孔组织以及各类复合组织编织的毛衫等。

5. 按装饰手法分类

毛织服装按装饰手法可分为：印花毛衫、贴花毛衫、绣花毛衫、钩花毛衫、烫钻毛衫、镶拼毛衫和拉毛毛衫等。

毛织服装除了以上几种分类方式外，还可以按照服装的款式结构、织物风格、用途、档次以及消费者的性别、年龄等进行分类。

三、毛织服装的产品特点及设计特征

（一）毛织服装的产品特点

毛织服装是用毛纱或毛型化纤纱等作为原料编织而成的服装产品，其适应原料范围广，所用组织结构变化多，用途广泛，深受广大消费者喜爱。毛织服装产品主要特点如下。

1. 服用性能方面

纯毛类毛织服装手感柔软，具有较好的延伸性和弹性，保暖性好，吸湿透气性良，结构疏松，穿着舒适，利于人体活动；化纤类毛衫吸湿性差，易起毛起球，易起静电。

2. 服装造型方面

毛织服装具有款式新颖、花色繁多、造型简单、加工方便、工艺流程短，适应市场反应快、男女老幼皆宜等特点。

3. 特殊性能方面

毛织服装经过特殊工艺处理之后，具有特殊的服用性能。例如：毛织服装经过烧花[1]工艺处理能在织物上呈现半透明图案，不仅带来新颖的视觉感受，而且凉爽透气。

4. 洗涤保管方面

基于毛织服装纤维对洗涤剂的敏感性和具有一定的缩绒性，纯毛类毛织服装应该选用中性或弱酸性洗涤剂进行洗涤，不宜在强日光下曝晒，由于易受蛀虫侵害，保管储存时应特别注意防护。

（二）毛织服装设计的特点

毛织服装设计既是工艺设计，也带有艺术设计的特点。了解毛衫设计，对于提高设计师的设计水平非常重要。毛衫设计是针对毛织面料或编织纱线的服装设计，具有多样化、面料特殊性和学科交叉性三大特征。

1. 具有多样性特征

设计师在设计毛织服装时，可以先有设计构思，再选择相应的毛织花型实现服装设计，或者根据市场上新出现的毛织面料，设计出能最大限度展示其面料风格特征、发挥其相应性能优势的毛织服装。还可以先有构思后选择相应纱线，如花式线、普通纱线和新型纱线等编织毛衫来实现其设计。还可以根据市场上新出现的毛织纱线，设计出能最大限度展示其纱线外观风格、发挥其相应性能优势的毛织服装。毛织服装可以选用各种不同的毛织机械进行工业化生产，还可以针对毛衫的特殊设计进行手工编织。

2. 重视毛织面料特殊性

毛织服装设计与机织面料服装设计在某些方面有相同之处，如服装设计基础、服装色彩配色与造型美的原则等，但也存在着差异，根本区别在于毛织面料与机织面料的纱线形态不同，在组织结构、外观风格特征、织物性能和服装的设计、缝制工艺等方面都有所区别。毛织服装是用纱支较粗的毛纱、毛型化纤或棉线等编制而成，其柔软、舒适、保暖、弹性大、易脱散和肌理丰富等性质决定了毛衫设计、加工工艺的特殊性，也决定了款式设计的简洁性。面料的性质也决定了毛织服装独特的外观效果和色彩风格，充分体现了毛织服装设计必须重视毛织面料特殊性的特征。

3. 设计理论具有学科交叉性

毛织服装是服装系列中的一个门类，它的发展、流行顺应了人们追求个性、舒适、随意

[1] 烧花工艺也称烂花，是利用激光能量密度极大的特点，将激光投射到服装面料上使材料汽化，形成细密的小孔洞，小孔洞具有透气散热的特性，常用于夏季服装面料。

自然的时尚，体现了休闲时装的特点。毛织服装的设计和生产从来就离不开毛织工艺、毛织设备等因素，牵扯到多种设计资源的工作。毛织服装设计必须是将服装设计艺术与毛织工艺技术完美结合并贯穿始终。毛织服装设计理论是毛织专业和服装专业的交叉学科，体现了学科交叉性的特征，因此学习毛织服装设计必须时刻关注服装时尚的发展变化。

第二节　毛织服装的组织结构

毛织服装的组织结构在行业里也叫花型，就是研究毛织线圈是何种缠绕法联接而成的。组织结构是毛织服装独具魅力的地方，在设计时应充分考虑不同组织结构的特性及穿着效果。组织结构关系到毛衫的外观、手感、舒适性、保暖性和艺术性，在生产时也对线材的选取有一定影响。设计毛织服装时，选用哪种组织结构是毛织服装设计的核心所在。

一、毛织组织结构的溯源联想

追溯毛织组织结构的设计来源，离不开手工编织时期人类的丰富联想。人们在编织毛织组织的时候寄予了诸多美好的愿景，而毛衫也因此得以代代相传，这点尤其体现在渔夫毛衫上。渔夫毛衫（fisherman sweater）最初是由带脂肪的羊毛纺织而成，海员穿着这种厚重而防水的毛衫航船时，能一边保持温暖一边挥发劳动产生的汗水。在所有拥有海岸线的国家，特别是那些被大海环绕着的岛国里面，都能找到穿着航海毛衫的历史传统。用羊毛纺织成的航海毛衫，影射着海员们的日常生活，也寄托了妻女们的守候。如位于爱尔兰西海岸的阿兰（Aran）岛屿，当地生产的Aran sweater——阿兰毛衫是经典的渔夫毛衣，采用素色羊毛编织起伏多变的组织，并以保暖、美观、独特闻名。每一件阿兰毛衫都散发着历史的气息，每一种针法图案都有传统的诠释和独特的故事，往往具有宗教意义，但大多是生命的经历和旅程。如扭绳组织的设计来源于捕鱼时用的缆绳，同时也是渔民对安全和好运的一种祝愿（图1-1）；菱形的阿兰花组织形似钻石，代表对成功、财富的愿望（图1-2）；蜂巢组织是勤劳蜜蜂的象征,也代表生活的甜蜜（图1-3）；桂花组织是欣欣向荣、茂盛成长的寓意（图1-4）；而形似渔夫篮子的花格组织则代表对丰收的希望（图1-5）；双排锯齿组织代表双双

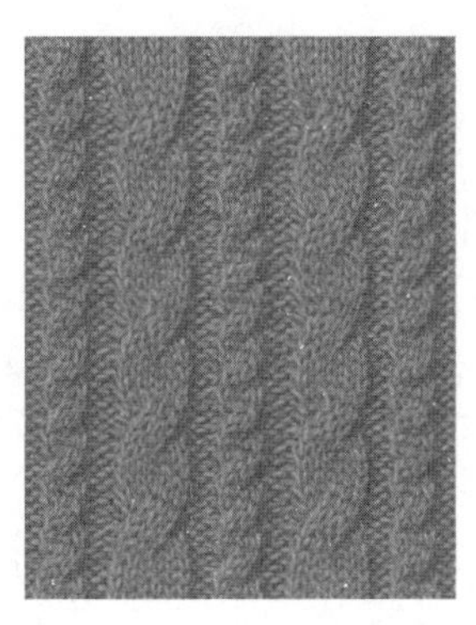

图1-1　扭绳组织

图1-2　阿兰花组织

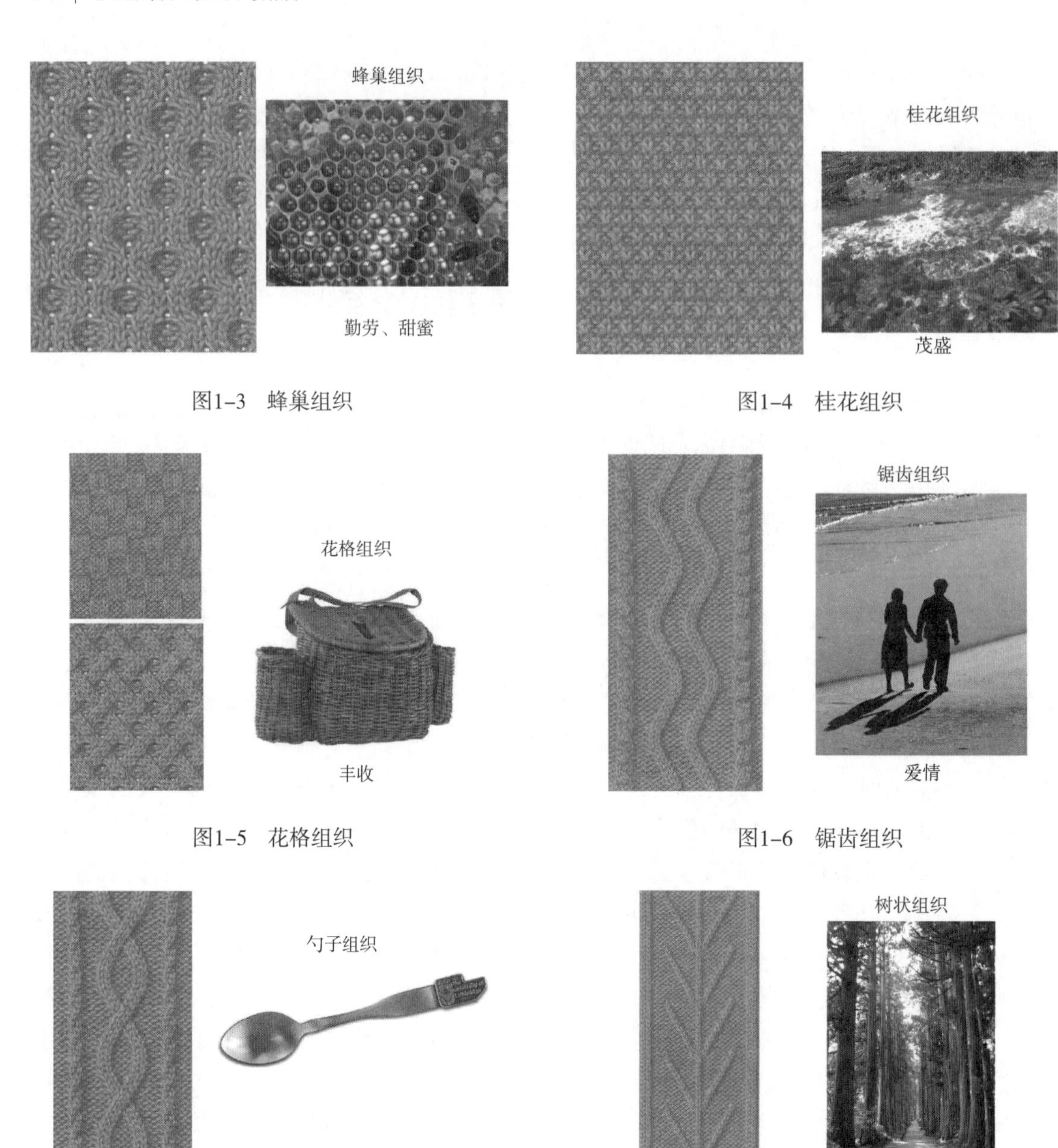

图1-3　蜂巢组织

图1-4　桂花组织

图1-5　花格组织

图1-6　锯齿组织

图1-7　勺子组织

图1-8　树状组织

对对、爱情圆满（图1-6）；勺子组织表示食物充裕、生活无忧（图1-7）；树状组织来源于圣经里的伊甸园生命树，是对家族兴旺长盛的祝愿（图1-8）；链条组织代表团结一致，友谊长存（图1-9）；梯状组织是朝圣者的救赎之路，代表宗教信仰的虔诚（图1-10）……每一种组织都有特殊含义，每一针都传承了毛衫文化。

二、毛织组织结构的分类

毛织组织结构丰富多变，且往往一种组织就有几种名称，容易让初学者在认识毛织组织

图1-9　链条组织

图1-10　梯状组织

类别的时候感到困惑。本书根据毛织组织的编织特点和行业内公认的叫法，将毛织组织分为两大类：三原组织和变化组织。其中，三原组织包括纬平针组织、罗纹组织和双反面组织。变化组织是在三原组织的基础上采用编入附加纱线、变换或取消成圈过程中的个别阶段，从而改变线圈形态而形成的。常见的变化组织有提花组织、嵌花组织、集圈组织、移圈组织、添纱组织、波纹组织等（图1-11、图1-12）。

- 三原组织
  - 纬平针(单边)
  - 罗纹(坑条)
  - 双反面(令士)
- 变化组织
  - 集圈(打花)
  - 浮线(铲针)
  - 抽针(落针)
  - 移圈(搬针)：纱罗(挑孔)、绞花(扭绳)
  - 波纹(搖波)
  - 色彩：单面提花(拨花)、双面提花、嵌花(挂毛)
  - 添纱(冚毛)

图1-11　编织组织的分类

纬平针组织

罗纹组织

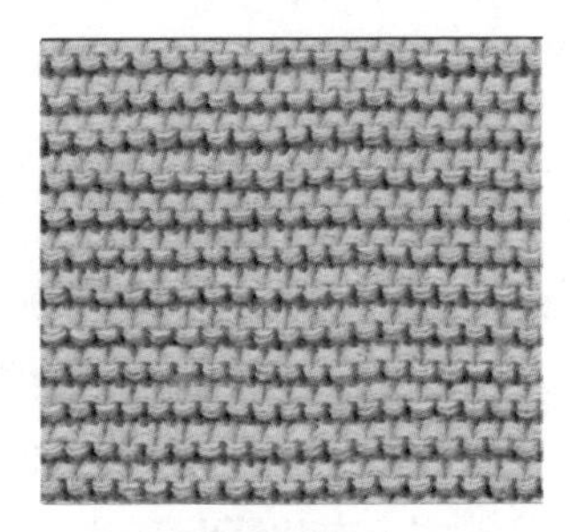
双反面组织

集圈组织

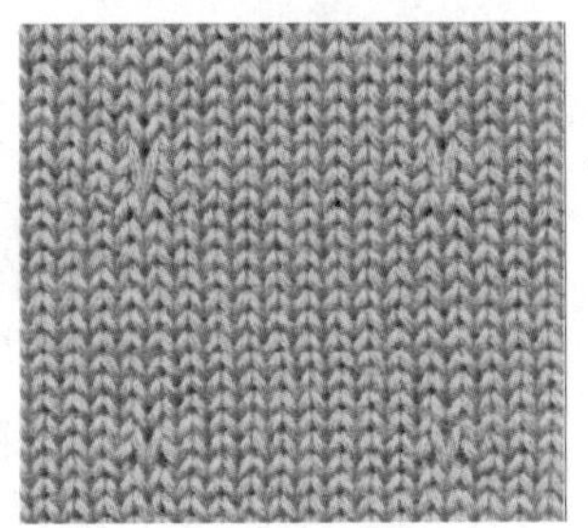
浮线组织

抽针组织

图1-12

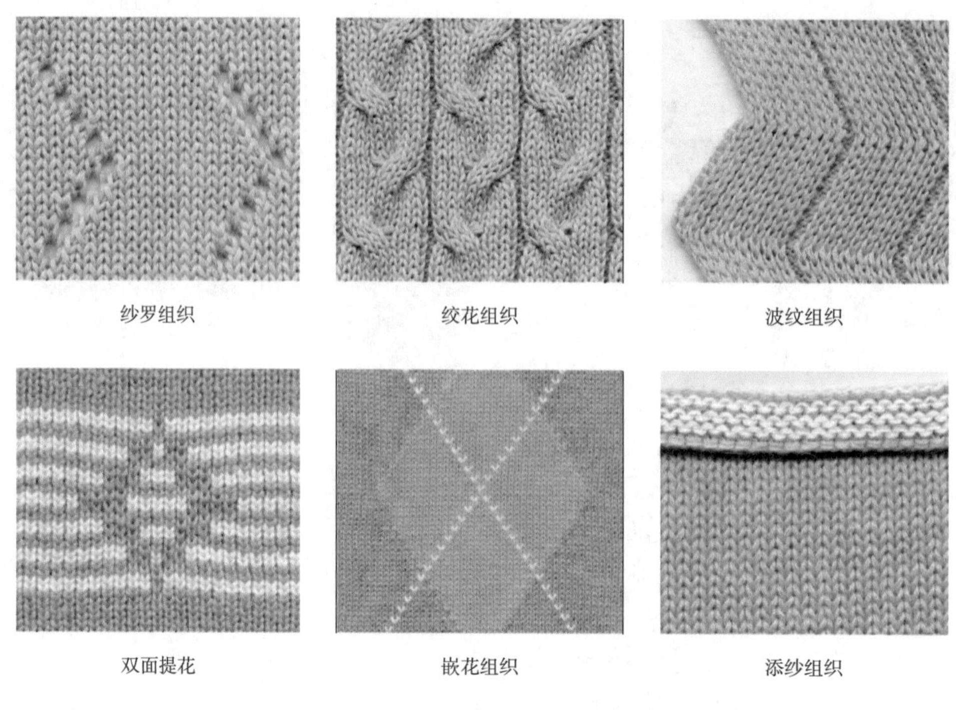

图1-12　编织组织实物图

三、毛衫组织结构的共性

（一）脱散性

毛衫的最小单元是纱线，组织结构由线圈的不同缠绕方法组合而成，一旦毛衫的纱线断裂或线圈失去穿套连接后，会出现不同程度的脱散现象。所以，在编织过程中应避免机器坏针而导致线圈脱散，平时要加强对机器的保养与护理，上机操作前需仔细检查每根机针是否正常。若电脑横机没有较好的止口，需及时用缝盘机进行锁口处理，或用五线机锁边固定，否则容易因脱散而影响产品质量，严重脱散则导致烂片。

毛织服装的面料在风格和特性上与机织面料不同，在进行服装设计时，要考虑面料的脱散性，尽可能避免设计省道、分割线、弧线拼接。市场上的毛衫多为简洁廓形设计。随着毛织电脑横机技术的不断更新发展，一体成型毛衫是电脑横机编织的无缝骨的毛织服装，也叫织可穿，省去了衣片缝盘步骤，降低了线圈脱散的可能性。

（二）延伸性

由于毛衫是由纱线的线圈相互圈套而成的，线圈之间是一种连接状态，受到外界影响很容易发生变形。因此，毛织面料具有很大的延伸性。毛织物的延伸性具有两面性，一方面，我们在做适体服装时，毛织服装会随着人体曲线的变化而变化，勾勒出优美、自然的体态，如毛织连衣裙、鱼尾裙、紧身服的设计就是利用延伸性这一优势。另一方面，毛衫某些部位由于拉扯较多容易产生变形，如袖口、下摆和领口等，因此在设计样板时，可以适当增加一定的回缩率来减小变形幅度，或者选择合适的组织结构、合适的纱线以及合适的尺寸来弥补其缺点。

（三）多样性

对于同种纱线的编织方式进行改变就可以使织物的组织结构呈现出丰富多样的外观肌

理。织物编织过程中对线圈的改变自由灵活，在一定的范围内，可以对线圈进行上下、左右方向的移动，并且织针所在线圈参与或不参与编织，参与编织的数量和参与编织的范围都可以进行灵活的改变。这些改变产生不同肌理效果的面料对于毛织服装设计带来重要影响。

毛织服装设计中的面料成形或花型纹理呈现都是通过线圈编织而成的，因而组织结构多样性的特点使其在毛织服装设计中充当非常重要的角色。

（四）卷边性

卷边性是毛衫样片特有的性能。由于边缘线圈内因力的不平衡而出现卷边现象，包卷的程度与样片的厚薄有关。在缝盘时，卷卷的效果给缝盘工序带来了一些困难，先要手工把卷边部分弄平整，然后才能把每个线圈套到缝盘机器的机针上进行缝合。另外，卷边具有类似于荷叶边的视觉效果，可将卷边作为毛衫的一个设计点，根据款式特点可在某些部位设计卷边，但请注意卷边效果会因洗水而变弱，所以不宜在毛衫上用的过多。

四、组织结构的个性及应用

组织结构有其共性，也有其独特的个性。由于组织结构可以千变万化，每一种组织结构有其独特的艺术魅力，适合用于不同的服饰品，下面我们就其有代表性的组织结构特点、进行分类研究。

（一）纬平针组织

纬平针组织又叫单边，是由连续的单元线圈单向互相串套而成，是最普通的一种结构，具有明显的卷边特点。设计师常巧妙地将单边设计用在服装的边缘处，如裙子下摆边、上衣领口边、袖子处，显得休闲随意。如果正反面纱线颜色不同的毛织服装，卷边的利用还会产生撞色效果，层次感突出。如果整件毛衫都是单边组织，可在制作后期手工加入一些烫钻、贴布、镶边、丝带绣、钉珠片等装饰工艺为服装增色，这是单边组织常见的装饰手法。如图1–13是粗针单边组织毛衫，因采用了黑白段染纱编织而显得不那么平淡，加上袖子上的黄色流苏装饰，更加活泼有趣。

图1–13　纬平针组织

（二）罗纹组织

罗纹组织俗称坑条组织，是一种基本组织花型，由前后针床织针上的线圈按一定配置相互形成正反凹凸的造型结构。根据其不同数量的工作针分类，主要有满针罗纹、1×1罗纹、2×2罗纹等。由于罗纹组织具有良好的延伸性和保型性，常用于领口、袖口、下摆等开合部位。设计师利用罗纹组织形成的立体肌理特性，调整织针参与编织的程序，使编织罗纹线圈的织针在程序规定的图形中工作，以此创作出新形式罗纹。如图1–14（a）所示作品中贯穿于服装肩部、领部及前中线处的粗罗纹凸条，罗纹组织的高弹力优势使其大小随人体的凹凸而变，该服装下摆的细罗纹织法紧实，挺括的造型夸张了女性胯部。图1–14（b）所示的套头毛织服装，粗细不同、长短不同的罗纹组织呈横向、纵向、斜向规律排列，赋予单色毛衣统一又有变化的线条美。

(a)

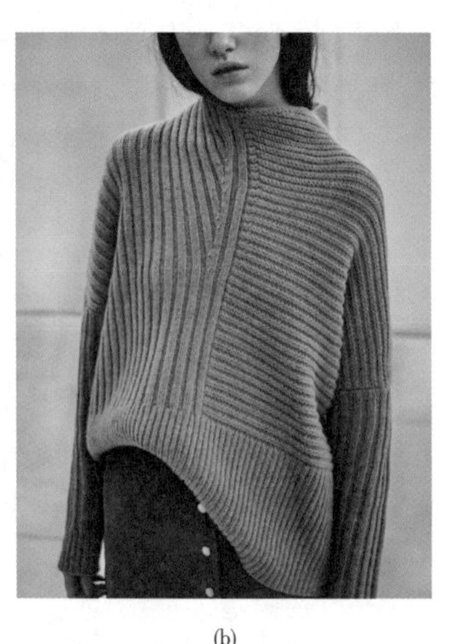

(b)

图1-14　罗纹组织

（三）移圈组织

移圈组织是根据花纹要求，将某些针上的线圈移到相邻针上，从而形成相应的花式组织，如挑孔组织、扭绳组织、阿兰花组织等，下面进行分别介绍：

1. 挑孔组织

挑孔组织是将某些针上的线圈移到相邻针上，使被移处形成孔眼效应。挑孔组织因其通透特点，常常用于春秋服装设计中。做挑孔设计时，还要考虑网眼部位与内外服装及皮肤色的合理搭配，如图1-15（a）所示，驼色挑孔组织毛衫内搭白色衬衣，通过网眼隐约透出衬衣的亮色，层次感更佳。如图1-15（b）所示，白色粗针挑孔毛衫透出肤色，是体现浪漫女人

(a)

(b)

图1-15　挑孔组织

味的绝佳方式。挑孔组织与单边组织、罗纹组织等其他非镂空组织同时出现时，可展现出既统一又富有变化的视觉效果，虚实空间对比丰富了毛衫的设计。

2. **扭绳组织**

扭绳组织俗称麻花、绞花，是将左边的几针与邻近的右边的几针相互交叉，移动位置编织。扭绳组织立体效果强，常见的有2扭2、3扭3、4扭4、5扭5等。扭绳有方向之分，应在设计时注明扭左还是扭右以便核算工艺单，扭的方向不同则效果不同。绞花效果不仅与纱线粗细有关，也与移动的线圈数量有关，如6扭6的效果比2扭2效果更明显，纽绳组织与其他针法如平针、罗纹、挑孔的配合运用会产生视觉对比效果，也可将扭绳旁边的针设计为反针［图1–16（a）］，从而凸显底针则花型更立体、清晰。扭绳组织在毛衫中的运用相当普遍，具有创新感的扭绳能为毛衫增加时尚感。如在超大量感板型的扭绳毛衫上顺着花型走向进行手工异色缝线的装饰［图1–16（b）］，可营造出色彩与材质对比的醒目外观。

(a)

(b)

图1–16　纽绳组织

3. **阿兰花组织**

阿兰花组织是利用移圈的方式使两个相邻纵行的线圈相互交换位置，在织物中形成凸出于织物表面的倾斜线圈纵行，组成菱形、网格等各种结构花型。阿兰花组织一般用粗针横机编织才能展现其立体效果，结合扭绳组织设计最能体现经典复古的韵味［图1–17（a）］，且因其百搭而深受市场欢迎。设计师可通过改变阿兰花的色彩［图1–17（b）］，或改变其方向、大小，亦或者结合铆钉、烫钻等方式使阿兰花焕发新颜。

（四）集圈组织

集圈组织是一种在毛织物的某些线圈上，除套有一个封闭的旧线圈外，还有一个或几个悬弧的组织，其结构单元由线圈与悬弧组成。集圈组织按单双面来分，可以分为单面集圈组织和双面集圈组织。单面集圈组织是在纬平针组织的基础上进行集圈编织而形成的一种组织，其稳固性强，但易勾丝，横向弹力小，一般设计成外套、夏服、手套及袜子，如图1–18所示是由圣东尼（上海）针织机器有限公司生产的集圈组织袜子，其外观效果是在织物上按一定规律排列的凸点。双面集圈是在罗纹组织和双罗纹组织的基础上进行集圈编织而形成的，其立体感强，通风透气佳，比较厚实的集圈常用于外衣设计，薄的则用于衬衣。面料设计者可利用集圈的结构特点与其他编织方式组合，能产生出具有孔眼、网眼加丝盖棉、波浪式横条、起皱和浮雕效果的织物。

(a)

(b)

图1–17　阿兰花组织

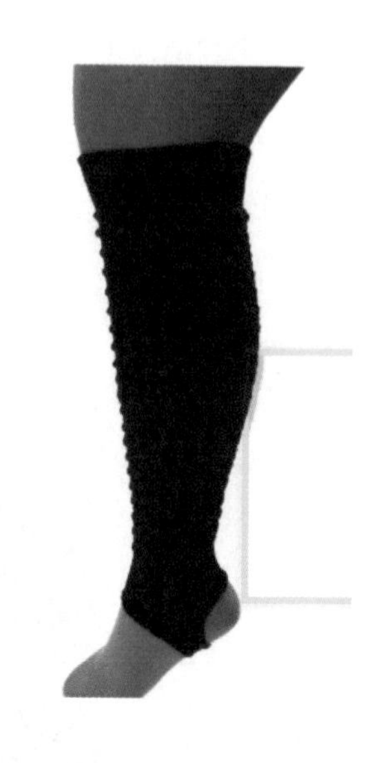

图1–18　集圈组织

（五）提花组织

提花组织是将纱线垫放在按花纹要求所选择的某些织针上编织成圈，而未垫放纱线的织针不成圈，纱线呈浮线状浮在这些不参加编织的织针后面所形成的一种组织。提花组织可分为单面提花组织和双面提花组织，单面提花组织是用一个针床编织的提花组织，双面提花组织是在双针床上编织的提花组织。设计师可将需要编织的图案，经图像处理软件（如Photoshop）加工处理后再导入到电脑横机的画花系统，然后选择材质、色彩均合适的纱线，用电脑横机编织出来。编织提花组织之前，需充分考虑图案、纱线色彩与提花工艺结合的效果。通常单面提花工艺制作的成品背面有浮线易勾丝，不适合应用在经常摩擦的袖口处，并且单面提花织物横向几乎无弹性，成品又较厚，适合制作的毛衫款式有限。双面提花工艺制作的成品背面不存在长浮线问题，即使有也是被夹在正、反面线圈之间。且双面提花图案清晰、色彩逼真、织物紧实，深受市场欢迎。如图1–19所示为代表英伦风格的费尔岛图案提花毛织服装[1]，颜色分布均匀而有节奏的重复，背景色与提花色共同组合成毛衫的整体色调。

[1] 费尔岛图案毛衫名字来源于北苏格兰的小岛——费尔岛，图案来源于自然、生活和宗教三个方面，常用纱线的颜色有红、海蓝、黑、乳白、赭石等。

图1-19　提花组织

（六）嵌花组织

图1-20　嵌花组织

嵌花组织是在横机上编织的一种色彩花型，它是把不同颜色编织的色块沿纵行方向相互连接起来形成的，每一色块由一种纱线编织，且该纱线只处于该色块中。嵌花织物花型别致、花纹图案清晰，色彩纯净，织物反面没有色纱重叠，因而比提花织物更加舒适。嵌花织物反面无虚线，故又称无虚线提花，因而织物纵、横向的弹性不受影响，同时织物可不增加额外重量，从而使织物性能良好。织嵌花时要使用嵌花机头，所以嵌花比提花的工艺成本高，也更适用于中高端的毛衫。嵌花织物的图案通常要以织物组织为基础，除了常见的纬平针组织以外，还可以用罗纹、添纱、集圈等变化组织。如图1-20所示的毛织嵌花连衣裙采用了玫红、大红、暖黄、橘红、草绿、粉蓝、粉紫、粉绿和本白色共9种色纱编织出大小、形状不同的几何色块，亮丽的色彩给人以明快、活力的感受。

五、组织结构对毛织服装设计的影响

（一）对面料肌理的影响

肌理是指物体表而的组织纹理结构，包括视觉和触觉两个方面。构成织物面料表面组织纹理结构的因素是纱线和编织方式。本书阐述组织结构对面料肌理的影响，排除各种不同纱线对面料形成的肌理，假设在固定的纱线种类下研究组织结构对面料肌理的作用。毛织服装织物是纱线弯曲成线圈相互串套而形成的，织物组织的最小单元是线圈，线圈串套的方式不一样直接影响到毛织物表面纹理的变化，线圈串套的方式本身就具有自由多变的特点，其表面肌理也会呈现出多样性和丰富性。因此，组织结构的变化直接影响到面料的肌理效果。从组织结构所形成的面料效果可以分类为：卷边肌理效果、镂空肌理效果、凹凸肌理效果、浮雕肌理效果等。

卷边肌理，是由于织物的卷边性形成的织物边缘朝一个方向的卷边现象，主要是单针床的织物，如纬平针织物。

镂空肌理织物，是通过线圈转移到其他相邻线圈等工艺手法，使相应的织针不参与编织而形成的通透镂空的网眼式肌理效果，这种工艺手法主要是通过移针、抽针、脱圈或借助扩张织片形成的织物镂空效果等。

凹凸肌理，是通过在织物正面设计反针，使其呈现往里凹的特点而与织物凸起的花型组织如扭绳造成的对比效果。浮雕肌理，是由于同一块织物设计了几种不同组织，并有粗细、长短、大小的变化而呈现出的立体效果。

（二）对款式造型的影响

毛织服装的基本轮廓造型与机织服装一样可以分为A型、H型、T型、O型、X型五种基本型，两者实现这种轮廓造型的方法有所区别。机织服装可以通过对面料进行裁、剪、拼、接、缝制来实现造型；而毛织服装则是通过对服装尺寸进行数字核算变成针数和转数，在编织织片过程中进行加针、减针处理得到相应形状的织片，织片数据的取得与纱线粗细、线圈大小（编织密度）有关。继而对衣片进行缝盘拼接达到毛织服装外观轮廓造型。组织结构的变化有的会产生内收，有的会产生外扩、膨胀，对毛织服装的款式造型造成不同影响，如图1-21所示，毛针织服装主要在衣身上用了纵向的大、中扭绳组织，而腰部运用了横向的小扭绳，这种通过组织结构方向、大小的转换，使腰部设计产生宽腰的效果，达到对毛衫整体廓型的改变。

图1-21　组织对款式的影响

（三）对色彩的影响

撇开对编织成形后的毛衫染色工艺而论，毛衫的色彩主要取决于纱线的色彩，但由于纱线弯曲编织经过不同角度的光的反射和漫射，将会使色彩发生一些变化。因此在选择色纱时应考虑到组织结构的因素，采取对纱线进行试织。

从色彩心理学的角度看，色彩具有自己的语言特征给人以不同的视觉和心理感受已毋庸置疑，如色彩给人神秘、浪漫、高贵、圣洁、庄重、肃穆、轻快、活泼的心理感受，或表达冷暖、软硬、轻重、强弱、明快与忧郁之感。这些都是人们内心的情感反射。

组织结构对于色彩影响的主要方面在于织片肌理的特殊效果会使色彩释放更为深刻，比如蓝色配以波纹组织形成的如水波状弯曲的线条给人流动的视觉感受；黑色移圈组织中挑孔网眼形成的镂空给人神秘的心理感受；黑白相间色罗纹组织形成的纵向凹凸感条纹给人节奏感和韵律感；棕色粗型纱线绞花组织能给人狂野的心理感受；黄色纬平针组织给人简洁清晰的视觉感受；红色卷边效果同样给人活泼跳跃的视觉心理感受。

组织结构的视觉语言在某种程度上影响毛衫设计对色彩的选择，这种影响可以是加强、减弱和平衡三方面。加强，是指服装要强调某种感受时选择更能表达这种感受的色彩和组织结构，减弱反之，而平衡可以通过色彩和组织结构的协调实现两者之间的平衡。如图1–22（a）所示组织结构简单的纬平针组织（反面）与纱线色彩之间形成视觉上的平衡；如图1–22（b）所示，各种花色组织组合形成外观复杂的组织结构与色彩简洁之间的视觉平衡。

(a)

(b)

图1–22　组织对色彩的影响

（四）对装饰的影响

组织结构形成的肌理效果从某种意义上说就是一种装饰，在毛织服装设计中表现尤为突出，除此之外就是对毛织服装运用加法装饰，即在织物表面通过增加其他饰物进行装饰，主要的工艺有烫钻、刺绣、植绒、簇绒、贴花、钉珠、钉亮片等。这些装饰工艺并不是对任何组织结构都适用。加法装饰主要针对组织结构简单的织物，如图1–23中的毛衣，是在外观简单的纬平针组织上采用复杂的刺绣工艺，得到繁简对比的效果，对于组织结构复杂的织物，其装饰手法应以加强表现组织肌理效果，进行烘托、渲染，起到强调和夸张的作用。

图1–23　组织对装饰的影响

（五）对图案的影响

毛织服装的图案可以分为有色图案和无色图案。有色图案设计可以通过两种方法形成：一种是在成形的织物上通过印花、贴花、刺绣等工艺手法形成图案；另一种是在编织过程中选择提花和嵌花组织直接形成图案。前一种方法对织物组织的种类虽没有限制，但图案的形成主要考虑到织物组织结构表面肌理与图案的相互配合，提花有专门的提花结构、嵌花工艺可以实现多种肌理的综合编织。提花组织具有非常悠久的历史，费尔岛毛衫图案就是采用最简单的提花组织形成的。提花组织结构可以形成丰富的平面图案，现代电脑横机技术在提花技术上有长足发展，对图案形态的表现几乎没有限制，现已发展到可以将八种不同颜色的纱线进行提花编织。东莞市纺织服装学校开发的毛织艺术品可以用八种颜色编织油画、中国画、摄影等艺术作品，如图1–24所示，为提花组织编织的《荔枝》摄影作品。嵌花在电脑横机上进行编织，主要用以编织独立色块图案。

图1–24　组织对图案的影响

无色图案形成是通过组织结构肌理的变化对比形成图案，这种对比可以是织物正反面对比、织物凹凸对比、镂空与非镂空对比，如纬平针组织正反对比形成方块状的令士图案效果，移圈组织的镂空效果和非镂空效果对比形成图案。

第三节　毛织服装的设计方法

近年来时尚界的服装展示，每一季的时装周都离不开毛织服装，设计师越发青睐从纱线材料、织物肌理、组织结构完整呈现设计想法的毛织技术。毛织服装以舒适、贴身、无束缚等特性在潮流服饰中占有不可动摇的位置。消费者喜爱毛织服装，因为它具有能满足人体各部位弯曲、伸展的需求，并能充分显现人体曲线美的优点。可见，毛织服装在服装中的影响力不可小觑。但同时，因为毛织入门技术太过复杂，所以毛织服装的设计师较少，欲要探寻毛织设计的突破口，还需知其设计方法，才能灵活运用，寻求创新。

一、线材改进法

随着经济的发展和纺织品的普及，消费者对服装款式、色彩和装饰的大同小异已经出现审美疲劳。为了使设计作品更具独创性，设计师渐渐转向于对服装材质的创新，一件款式简洁材质独特的服装，能让设计师及其作品受到极大关注。

毛织服装的形成是由一根或一组纱线绕出的线圈重复串套连结织就，纱线的特性往往对毛织服装设计有整体性影响。纱线材质分为天然纤维和化学纤维两大类，天然纤维具有舒适、保暖、光泽、轻盈等优点，化学纤维具有耐磨、抗起球、耐热、耐腐、耐蛀等优点。若要在原料上就开始对毛织服装进行设计，就必须了解各种原料的特性。采用金丝和银丝原料与其他纺织原料交织，在面料表面会具有强烈的反光闪色效应；采用镀金方法，在毛织面料上出现各种图案的闪光效应，但面料的反面平整，穿起来柔软舒适。对毛织纱线的支数、捻度、手感、风格、编织特性等进行改进而成的花色纱线更为设计师提供了极大便利，外观独特的纱线织出的织片具有特殊的纹理和色泽变化，如超软毛绒纱打造出天然动物皮草般的舒适质感，段染纱只需最简单的单边组织就能编织出好看的不规则图案，如图1–25所示。

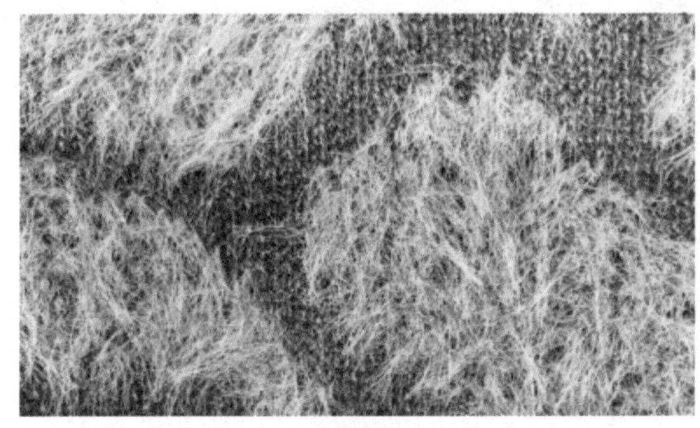

(a) 毛绒纱

(b) 段染纱

图1–25　新型毛织纱线织物

二、花型创新法

毛织服装最大的特点是利用编织技术设计出各种各样的组织花型，毛织电脑横机技术的不断革新使毛织服装的编织风格和编织效率产生了日新月异的变化。毛织花型组织的多变很好地弥补了毛织服装款式的局限性，并对其外观产生着决定性影响，甚至直接影响产品的销售额度。如图1–26所示，利用谷波组织[1]（图1–27）独特的凸起效果制作的毛织百褶裙，

图1–26　毛织百褶裙摆

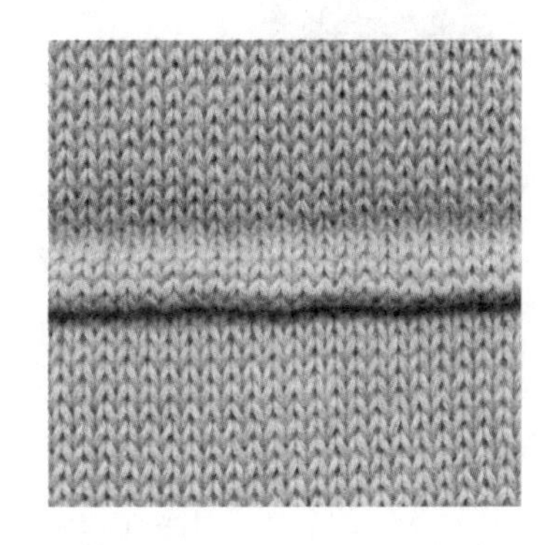

图1–27　谷波组织

[1] 谷波组织又名凸条组织，当一个针床握持线圈，另一个针床连续编织若干横列时，就可以形成凸起的横条效应。

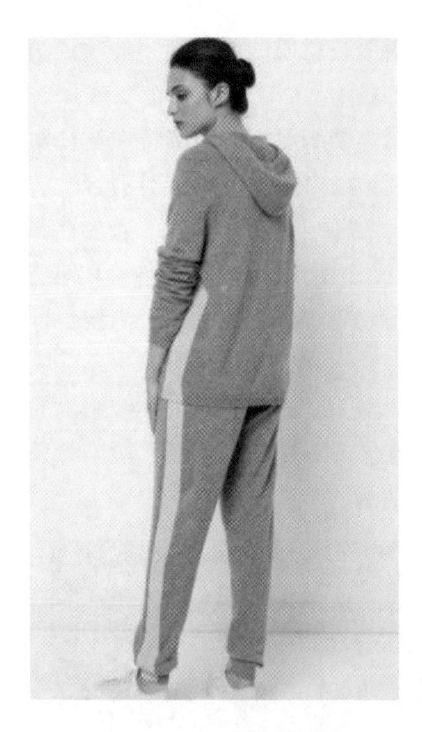

图1-28　毛织镶片效果

采用几种不同颜色的纱线间隔编织出形似规律性褶裥的效果；又如图1-28所示，舒适的卫衣套装上使用巧妙的纱线对比或混合针距编织，可织出镶片效果。

三、图案设计法

图案是毛织服装设计中常用的一种方法，机织服装的设计往往会受面料本身图案的影响，而毛织服装在图案的表现形式上则有较大的自由。

在目前的毛织生产企业中，毛织服装图案的形成一般有两种形式：编织图案和印花图案。编织而成的图案会受到机器功能的限制，如因机器纱嘴数量有限而难以编织色彩过多的图案，若使用超过三种颜色编织毛织图案，面料则会过厚、略硬。常用的图案编织技术一般是毛织提花组织，它是将几种不同颜色的毛纱，按花纹要求，使纱线在线圈横列内有选择地以一定间隔形成线圈的组织，形成的织物较厚实，不易变形，延伸性和脱散性较小，有良好的花色效果。提花组织分为单面提花、双面提花、完全提花、不完全提花、有虚线提花、无虚线提花等，该组织技术广泛用于各种外衣和装饰用品。在品牌Chanel2019年秋冬高级成衣时装发布秀，一件连续纹样图案连衣裙是提花组织的佳作（图1-29）。

图1-29　Chanel连续纹样图案连衣裙

编织图案一定程度上受到织造设备、组织结构等因素的限制，还不能满足市场需求，采用白纱织成白色织物，经过印花及后整理可制成图案复杂的毛衫。印花技术多样，包括拔印、烧花、胶浆印花、植毛、数码喷花、曲珠印花、涂料印花等，目前最流行的就是直接在毛织物上喷印，印花精度高的数码喷花，适合小批量、多品种、多花色印花。但普通印花过程会出现染料渗透不良、混色较多、固色不牢、色彩不艳等问题，同时印花过程消耗较多水资源，并使用化学染料，现今倡导环保、崇尚自然的消费观越来越普及，因此印花工艺虽能产生变化丰富的图案，却不如编织图案更环保。

四、款式突破法

毛织服装的发展离不开手工编织服装的历史，因此毛织服装给人的固守印象是实用、保暖、款式单一。然而，毛织服装时尚化的趋势已经不可阻挡，其款式的翻新也证明毛织服装具有花样百出的能力。目前市场上常见的毛织服装款式主要围绕着套头衫、背心、连衣裙、开衫、夹克、短裙等进行局部变化。如传统的套头毛衫经过“撕扯”设计手法的处理（图1–30），成为时尚女孩彰显个性的装扮。如专长于用羊绒织物为载体写意优雅、唯美、雕塑感的设计师刘芳在2008年春夏以“纯粹”为主题的发布会上用独特的手法赋予柔软的羊绒服装以建筑感的轮廓，呈现3D雕塑感，尝试了一次对古希腊雕塑风格的探索，对羊绒毛织服装轮廓造型的挑战，诠释了羊绒服装的全新面孔（图1–31）。另外，由于毛织物无可替代的延伸性、舒适性和毛织机械对制作材料的兼容性，近年电脑横机织出的毛织鞋面（图1–32）广泛应用于各个品牌的新款运动鞋、单鞋和靴子，2019年日本岛精机还推出一体成型的毛织胸罩（图1–33），顺应了女性对内衣零束缚的需求。还有毛织衬衫、毛织西装的普及，说明毛织品已经涵盖了服饰品的各个角落，担当了实用和美观的双重角色，毛织面料的可塑性赋予毛织款式的无限可能性。

图1–30　“撕扯”毛衫

图1–31　刘芳的羊绒设计作品

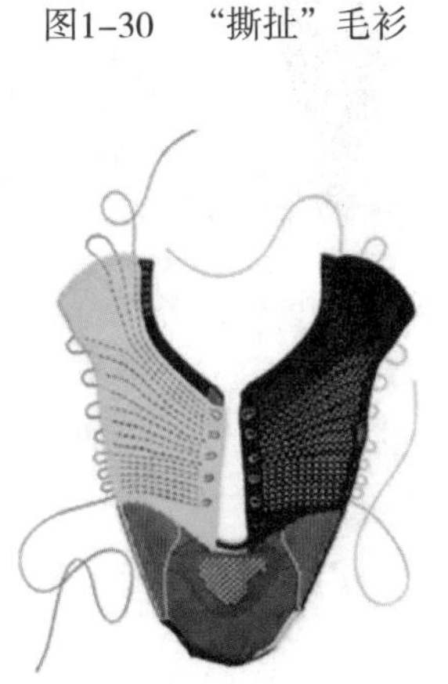

图1–32　毛织鞋面

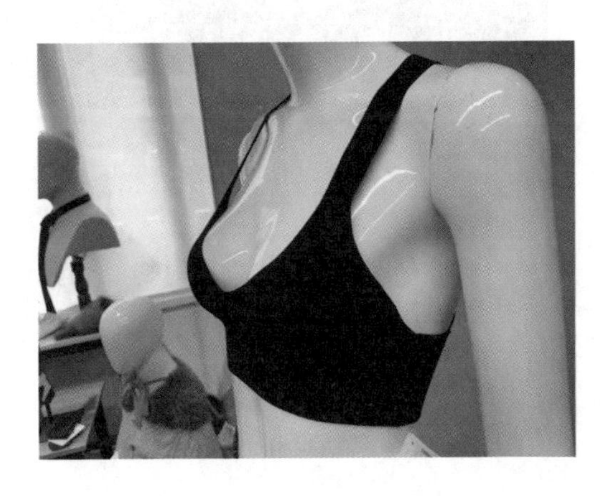

图1–33　毛织一体成型内衣

五、面料拼接法

在20世纪，面料拼接作为一种艺术形式展现在世人面前，今天它已演变成实用的设计风格。近年来，毛织、机织面料拼接服装大量涌现，这不仅是对毛织服装品种单一、款式简单的补充、拓展，也是对毛织面料弹性大、卷边性强、易散边、易破损、不耐磨性能的改善，如在毛织服装的肘部、侧缝、搭门、领部拼接以机织面料，可以防止变形和磨损，保证服装舒适的同时提高了毛织服装的质量。如图1-34所示，为意大利著名皮革品牌Hermès2010秋冬成衣发布会的作品，轻薄皮革做衣身，领口、袖口、口袋边拼接毛织织物，使服装既有皮革的高贵又有毛织的温婉，而毛织织物还丰富了整件服装的肌理变化，使皮装更具亲和力。

珍贵的皮草与毛织物均为温暖的代名词，是理想的冬季面料，两者结合既节约成本又富有变化。如图1-35所示为英国品牌Burberry在2011秋冬成衣发布会的一款毛衫，证明了皮草和毛织物亲密无间的关系。服装衣身设计了对称的扭绳组织图案，袖子由同色的扭绳组织与条状皮草缠绕拼接成膨胀效果，用罗纹编织收紧袖口，创造了雕塑感极强又富有新意的灯笼袖。

图1-34　品牌Hermès作品

图1-35　品牌Burberry作品

毛织物除了与皮革、皮草的拼接，还有表现浪漫特点的挑孔组织与蕾丝的拼接，轻盈的雪纺与温暖的毛织物拼接打破季节限制，罗纹织物让毛呢服装的局部有了弹性，温暖的羽绒填充面料与提花组织的拼接，既御寒又为冬季增添色彩……还有更多新型面料的加入使毛织服装千变万化。

六、细节装饰法

服装的细节装饰在现代服装设计中越来越受到人们的重视，细节装饰是服装造型的局部装饰，是服装零件和内部结构的形态。服装细节装饰可以增加服装的美感，与服装的整体风格有着密切的关系。在毛织服装设计中，时尚而实用的细节往往成为销售成功与否的关键所在。根据毛织服装材料的独特性，在设计中可使用不同装饰材料来丰富服装造型效果。

1. 装饰亮片、珠饰、钻饰

为了使毛织服装增加光泽感和华丽程度，除了在织片过程中添加金银丝，还可以在衣片上缝缀各种亮片、珠饰、水钻等装饰。亮片装饰就是将其缝缀在服装的各个部位，或密或疏，增加服装的光泽效果；珠饰拥有低调的光泽感，常用于淑女款式中，增加服装的优雅感；闪烁迷人的钻饰常用于高档女装中，设计师根据毛织组织的形态，选择不同造型的钻饰，如将菱形的钻饰“镶嵌”在阿兰花组织中，达到组织与钻饰的相合，如图1-36所示，Missoni2010春夏成衣发布会上的一款钉珠毛织裙，裸色单肩的款式显随意，而镂空面料上顺着褶皱线条缝缀彩色亮片和珍珠组成立体图案，使服装更生动、华丽。由于毛织服装较柔软、不易保型，这类装饰不宜过多或过重，否则影响毛织服装的外形和舒适度。

2. 装饰别针、拉链、金属饰品

多以温婉形象示人的毛织服装遇见中性的金属装饰也会变得强势、有型，使用金属装饰毛织服装一定要注意金属饰品与面料厚度的协调，过薄的面料当然不宜使用过重过大的金属饰品，否则拉扯服装使之变形，一般金属饰品装饰在毛织服装具有支撑力的部位，如颈部、肩部则不影响服装织物形态，如图1-37所示，意大利品牌Missoni的2010秋冬女装成衣发布会上，部落风格的毛衫在肩部装饰了金属别针，起到点缀作用，金属拉链装饰在直身裙侧部，既时尚又性感。从图1-38可见金属环与线缝开口、铆钉与镂空的设计，凸显青春和前卫。

图1-36　品牌Missoni作品（一）

图1-37　品牌Missoni作品（二）

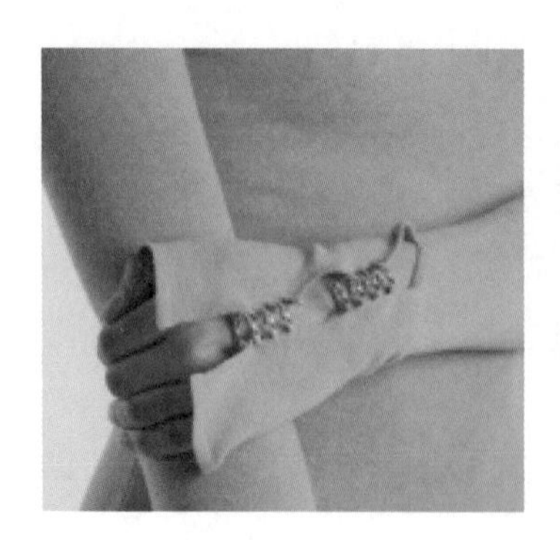
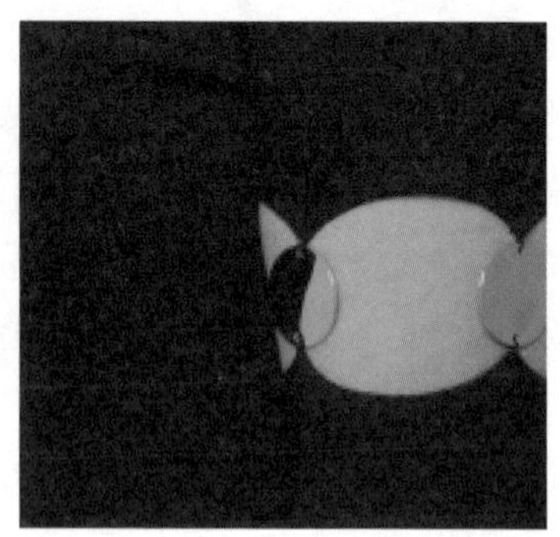

图1-38　金属装饰毛衫细节

3. 装饰荷叶边、蕾丝、系带

荷叶边、蕾丝和系带等富有女人味的装饰在毛织女装中运用极广。荷叶边是重要的装饰细节之一，尤其适合装饰纯色毛衫和罗纹毛衫，如图1-39所示的毛衫，在领口装饰同材质的荷叶边，衬托脸型的同时增添服装的浪漫气息。蕾丝常用于毛织服装，包括网眼花边、钩编和复古风格的蕾丝镶边，如图1-40所示的灰色平纹毛衣，装饰白色蕾丝，这样的外观多了几分优雅、复古。系带潮流激发多变设计细节，侧缝、育克、领口、腰部均能用不同材质的带子，图1-41所示的蕾丝拼接毛织裙，从腰部开始穿插缎带，在罗纹面料上出现辫子外观，在臀围处以蝴蝶结收尾。

毛织服装的细节装饰方法还有很多，如装饰纽扣、流苏、镶边和刺绣等，可根据毛衫的款式、色彩、材质、花型和流行元素对毛衣的细节进行设计，从而推动新的流行。

图1-39　荷叶边装饰毛衫

图1-40　蕾丝装饰毛衫

图1-41　系带装饰毛衫

第四节　毛织服装的设计表达

设计表达是指用不同的方式将设计意图表达出来，目的是让设计师将设计构思变为可视形态，把脑海里的想法用直接明了的方式表现出来，让人一目了然，使人们能够了解其意图并提出修改意见。设计表达一般分为平面和立体两种方式，服装画就是一种设计及设计方案表现和传达的方式。

毛织服装是由一根或一组纱线绕出的线圈重复串套连结织就，因此毛衣的外观因线圈的起伏变化而具有丰富的肌理特点，尽管毛织服装与其他服装的设计表达方式有诸多一致之处，但毛织服装的设计表达尤为注重面料肌理的表现。下面分手工绘图、电脑绘图和综合表现方式讲述毛织服装设计表达，即毛织服装画的表现方式。

一、手工绘图方式

手工绘图是设计表达的基础，适合快速记录瞬时的闪现灵感，具有便捷性、灵活性，作品生动亲切，缺点是不易修改。在毛织服装上手绘表达技法常用的有以下几种：

1. 线描表现技法

线描即单纯的用线画画，借线的粗细、长短、曲直方圆、轻重缓急、虚实疏密等有机结合和生动运用，表现形体的质量感、体积感、动态感和空间感。线描的工具有多种，其中钢笔、铅笔、小毛笔等比较适合描绘毛织服装复杂多变的组织结构。线描是毛织服装画中最常使用、最容易表现毛织肌理的一种技法，如图1–42所示，毛织组织罗纹，可用一排排线条来表现针迹外观效果。

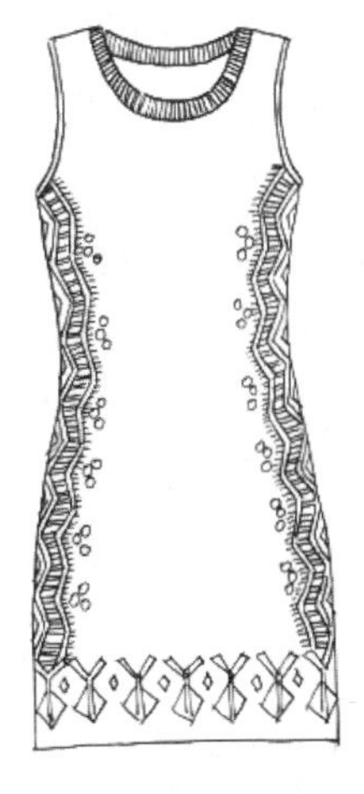

(a) 正面

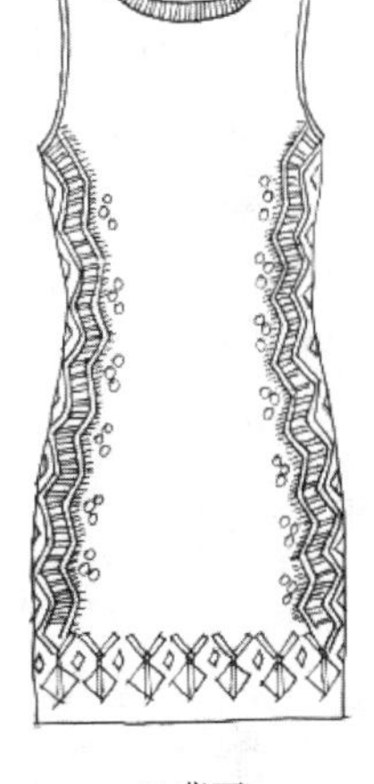

(b) 背面

图1–42　毛衫线描表达

2. 水彩表现技法

水彩在服装画的绘图中一直占有一席之地，之所以受到服装设计师的青睐，是因为水彩与众不同的特性，它有着不可替代的透明性，而且表现快速、颜色易干，色彩层次丰富、表现范围广的特点。水彩不仅适合表现轻薄、光滑的面料，同时，利用水彩层层加叠的技法和深浅虚实的变化，可以细腻地表现出诸如扭绳组织、阿兰花组织等毛衫组织的浮雕立体效果，但在绘制时必须注意落笔要干净利落，不可含混不清，运笔方向可与组织走向保持一致。这一技法具有一定难度，需反复练习，不断摸索，积累经验（图1–43）。

3. 水粉表现技法

水粉兼有油画与水彩之长，有厚画法和薄画法之分，厚画法即调色时少加水分，色彩较厚，厚涂如油画一般厚重，适合干扫、揉、擦等技法。结合运用生动的笔触，一般用来表现厚重、粗糙的服装质感。薄画法即调色时多加水分，色彩较薄，犹如水彩般淋漓。运用水粉技法来表现毛衫的肌理，可以先平涂出基本色，然后概括简练地描绘织物组织，用笔要流畅，切忌用笔过于小心而出现琐碎的效果（图1–44）。

图1–43 毛衫水彩表达

4. **蜡笔、油画棒表现技法**

蜡笔和油画棒的制作材料不同，但均质软厚腻，色彩艳丽，表现的艺术效果奇妙斑斓而不失情趣，若与水粉、水彩颜料搭配则尤其适合绘制有图案的毛织服装。具体步骤是：先用蜡笔或油画棒画出毛衫织物肌理，再用水彩或水粉整体铺色，这种先蜡画后染色的方法使所绘图案不被水彩或水粉覆盖，这样既铺染了底色，又保留了肌理，创造出奔放、大气、厚实的效果。也可以单纯用蜡笔或油画棒来完成毛织时装画，优点是快速便捷，但因材料自身的局限性而不宜表现细腻的织物特点（图1–45）。另外，油画棒色覆盖度与色牢度较差，作画时注意色与色的交汇部分，必要时可用手指轻轻涂抹让笔触更为柔和。

5. **彩色铅笔表现技法**

彩色铅笔的表现技法和铅笔素描极为相似，无须调色，使用便捷，还能用橡皮进行修改。彩色铅笔主要是排线上色，并注重同时结合几种颜色，使之交互重叠，多色、多变的笔触达到了多层次的混色效果，这样色调既统一和谐，又变化多端、丰富多彩。绘画时切忌一枝笔画到底，以避免色彩过于单调，用力要均匀，画面上不能有笔触出现。彩色铅笔上色后有一层绒毛一样的效果，适合表现薄软的毛衫质地。如图1–46所示，先将服装面料底层轻轻

图1–44 毛衫水粉表达

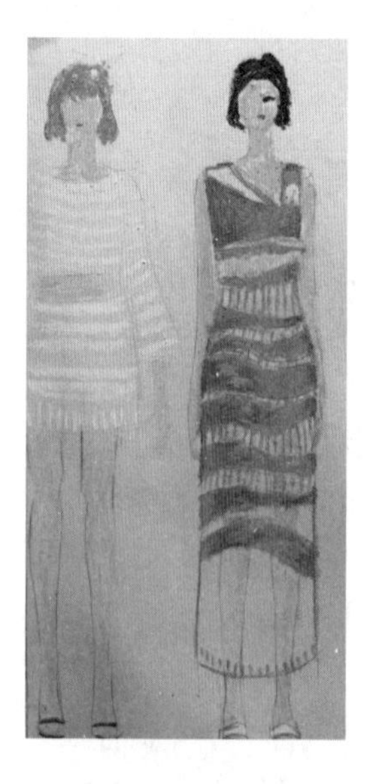
图1–45 毛衫蜡笔表达

图1–46 毛衫彩色铅笔表达

平涂，再将扭绳、罗纹等组织的轮廓用同色或略重的颜色绘制，其效果朴实、自然。

使用彩色铅笔绘制效果图时，应注意纸张纹理很容易影响彩色铅笔的笔触，表现细腻毛织面料切忌不可选择粗糙的纸张。且因铅笔工具的特点及局限，重度略小，不适宜表现十分浓重的色彩。另外因彩色铅笔本身略带蜡质，混色过程中不应使用过多色彩以免导致颜色变脏。

二、电脑绘图方式

电脑绘图的主要优点是设计精确、效率高、便于更改，还可以大量复制，操作非常便捷，但不足之处是绘制效果较呆板。就毛织服装而言，电脑绘图较适合用于毛织面料的处理和整体效果的完善。

由于毛织面料肌理的复杂性，设计师用手绘需花费较长时间绘制，工作效率不高，但用以下几个电脑软件可以轻松地解决这个问题。

1. Adobe Photoshop

Adobe Photoshop是最为出名的图像处理软件之一，能进行图像扫描、编辑修改、图像制作、广告创意、图像输入与输出于一体。Photoshop功能强大，也较易掌握，下面介绍用Photoshop处理服装面料的方法：

先将手绘好的服装设计稿和选好的毛织面料通过描扫仪或数码相机，变成数字图像导入电脑，然后用Photoshop中的多边形套索工具按照服装的轮廓去勾选出一个面料图层，这样面料就覆盖在服装上了，继续用自由变换工具中的“变形”选项调整面料使其更自然，再用加深或减淡工具处理明暗变化会更显生动。这种方法运用在毛织服装设计中，不仅省去了绘制毛织组织的长时间，而且得到的图像效果非常真实。对于肌理太过复杂多变，不易手绘表现的毛织服装特别适用。不过，设计者最好能找到和服装款式契合度较高的毛织面料，否则画面容易出现呆板、僵硬的效果（图1–47）。

2. CorelDraw

CorelDraw是一在商业设计和美术设计都广泛应用的图象图形处理软件，具有多种强大的工具和功能，准确性高且使用简便。在服装设计中CorelDraw深受设计师与打板师的信赖。那么，CorelDraw在毛织服装画的处理上有何优越性呢？

由于毛织组织具有一定的重复性，可利用CorelDraw先画出一个单元的组织，然后不断复制、粘贴，直到组合排列成一件毛衣的花形，接着填色，可以选择深浅变化的颜色制作明暗效果，使毛织组织具有强烈的立体感。该方法画出来的效果明快、简洁，避免了手绘毛织组织的重复过程，画好的花型也可以保存起来下次再用。但是，设计者需花费较长时间来调整各单元组织的微妙变化和位置关系，不太适合绘制图案多变的毛衫。

图1–47　毛衫Photoshop表达

另外，CorelDraw有数码图片填充到矢量图的功能，设计者可

图1-48　毛衫CorelDraw表达

以将毛织面料填充至CorelDraw绘制出来的服装轮廓中，更加省时省力。具体步骤为：先用贝塞尔工具画好服装轮廓，然后进行分块，把一些颜色有差别的部分都分割出来，接着选择“图案填充对话框”，找到需要填充的毛织面料进行填充，还可以使用交互式网格填充工具对阴影及色彩的明暗变化进行详细的描绘。由于填充图案效果较为平面、呆板，一般多用于毛织款式图的绘制（图1-48）。本书第三章的毛织设计款式图便是由CorelDraw软件绘制的。

3. Adobe Illustrator

Adobe Illustrator（简称AI）作为全球最著名的矢量图形软件，能够高效、精确处理大型复杂图形文件，集合了Adobe Photoshop和CorelDRAW两大软件的功能，深受设计师欢迎。使用该软件绘制毛织效果图的步骤可简单归纳为：打开人体模型文件，使用钢笔工具画出服装的各个部件并填充毛织面料，左右对称的服装可使用对称复制的方法，接着使用直接选择工具调整服装的外形，再用渐变工具画出服装上面的阴影并将其调整至合适的层次（图1-49）。Adobe Illustrator可以精确、快捷和稳定地处理大型、复杂的文件，而且内置的人体模型时尚多变，但相对前两种软件操作更为复杂，想要精通掌握则需多下苦功。

图1-49　毛衫AI表达

4. 毛衫设计软件

智能设计软件是由智能针织品软件（深圳）有限公司设计开发的毛织行业常用的设计软件，内置实用型的穿衣人体模特、多种常用毛织面料和图案供设计师直接使用。设计师可以在软件里面选出人体模特，然后在模特身上画出毛衫的款式，再选合适的毛织面料填充，这样就可以快速画出毛织服装画了。该软件的图案开发部门还根据流行及时设计不同图案上传到云库，用户登录后就可以下载图案使用。效果图完成后可直接生成方格纸档案（该公司设计的毛织下数软件）解译出来，并直接汇入电脑横机可马上织出毛衣成品。毛衫设计软件容易掌握，能画出常见的实用型毛衫，适合企业生产使用，但软件对设计的限制较大，不适合时尚类的毛衫设计（图1-50）。

三、综合表现方式

一幅毛织服装画集多种工具的优势和多种表现手法来体现总体效果，称为综合技法。如先用铅笔或钢笔画出设计稿，再以水彩为主，融入彩色铅笔、水粉等其他材料绘出面料肌理，最后用Photoshop软件修改手绘的不足之处，处理画面背景，使效果更丰富。但使用综合技法的前提是熟练掌握各种技巧并根据设计意图灵活应用，将其有机地组合在同一画面中，效果表现精彩完美（图1-51）。

综上所述，毛织服装的设计表达方式是多种多样的，各种技法都有其优势与不足，设计者应根据不同类型的毛织服装选用不同的技法，扬长避短，创作出优秀的毛织服装画。

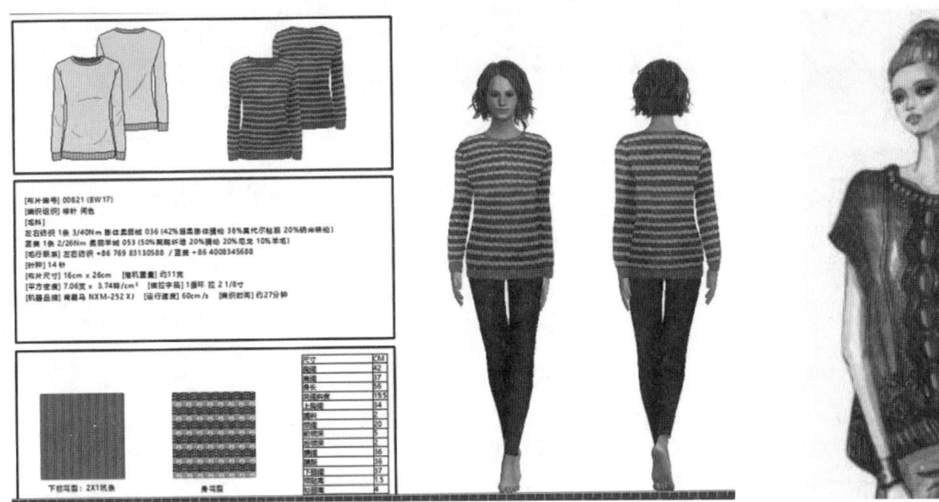

图1-50 智能设计软件绘制毛衫

图1-51 综合技法绘制毛衫

思考与练习

1. 掌握并熟知毛织服装的常用组织结构及其特点。

2. 上网查找毛织服装图片，说出该毛衫运用了哪类组织结构，并从设计的角度分析其特点。

3. 掌握并熟知毛织服装设计方法，并用花型创新法、图案设计法、款式突破法、面料拼接法和细节装饰法各设计一套毛织服装。

4. 上网查阅资料，思考并总结毛织服装设计还有哪些其他方法。

5. 掌握毛织服装设计的手绘表达方式，运用线描技法、彩色铅笔技法、水彩技法、水粉技法各完成一幅毛织服装设计图。

6. 掌握毛织服装设计的电脑绘图表达方式，运用软件Photoshop、CorelDraw和Adobe Illustrator各完成一幅毛织服装设计图。

实操理论——

毛织服装设计基础实操

课题名称：毛织服装设计基础实操

课题内容：组合式披肩围巾设计
彩条谷波短裙设计
无袖高领毛织女装设计
杏领间色长袖衫设计
高领插肩长袖衫设计
船领中袖挑孔女装设计
圆领局部提花女装设计
绞花开襟衫设计
双层领冚毛直夹女装设计
假两件套女装设计
青果领开襟男装设计

课题时间：44课时

教学目的：学会对11款基础毛织服装的款式分析（包含尺寸）、色彩分析、花型分析、装饰分析及功能与搭配分析；掌握不同款式毛衫设计图的绘制，包括穿着效果图和款式图；掌握不同款式毛衫的设计原理与设计方法。

教学方式：案例教学法、项目教学法

第二章　毛织服装设计基础实操

实操描述

本章学习内容是以不同款式的毛织服装样品为模板进行设计分析和设计图绘制。样品的分析主要包括款式分析（包含尺寸）、色彩分析、花型分析、装饰分析及功能与穿戴方式分析；设计图的绘制包括穿着效果图绘制方法和技巧、平面款式图绘制的方法和技巧。在本章学习内容中，学习者要学习毛织服装的款式、色彩、花型、装饰功能的分析，并能独立完成对样品的效果图和款式图绘制。

实操重点

本章学习的重点是按样品设计要求绘制毛织服装的设计稿，包括效果图和款式图，同时掌握不同类别产品的设计方法和绘图标准。

技能目标

通过学习本章内容，能够绘制出符合生产需要的毛织服装的产品设计图纸，掌握不同毛织服装的穿着搭配方法。

知识目标

通过学习本章内容，掌握不同毛织服装产品设计的基本原理，即对款式、色彩、花型、装饰及功能等特点作出相应的分析。

第一节　组合式披肩围巾设计

一、实操引导

1. 组合式披肩围巾款式分析

围巾如图2-1所示的组合式披肩款式是由两块长方形拼接而成，两块长方形的尺寸均为长115cm，宽59cm，在任意一头缝合50cm连接即可。围巾的正反两面分别为灰色和橙色两色设计，但在两侧分别进行了颜色交错设计，围巾的两头分别装饰9cm长的流苏，在拼接处设计了一个小商标，可以防止此围巾的拼接口因拉扯而撕裂。该款拼接组合的披肩围巾设计，相比一片式的围巾在设计上多了结构变化，增加了围巾使用功能。

2. 组合式披肩围巾色彩分析

该款围巾为组合式披肩围巾，在围巾的正面为灰色，反面为橙色，围巾采用了织物两面

图2-1　披肩围巾实物图

颜色互补的空气层提花[1]组织。虽只使用了灰色和橙色两种颜色，但在设计上很精细，围巾的左右两边分别设计了4.3cm的灰色和橙色交互面，并且围巾边缘颜色进行交错设计，分别在灰色面设计了0.2cm的橙色边，在橙色面设计了0.2cm的灰色边，围巾的流苏为灰色与橙色两色混合，整条围巾在色彩设计上体现出层次感。

3. 组合式披肩围巾花型分析

该款围巾采用的是空气层提花花型设计，该组织从面底编织结构看都是纬平针，在织物中形成空气层效应，易起皱。根据产品样品实物分析，在编织过程中添加了灰色（与围巾灰一致）的低弹丝材料，采用集圈方法用于面底两层固定。

4. 组合式披肩围巾装饰分析

组合式披肩围巾在色彩设计上具有较强的装饰性，同时采用了传统的流苏进行装饰，流苏的材料与围巾一致，并混合了橙色和灰色。这一装饰工艺不仅可以采用手工完成，现代电脑横机也可以编织。

5. 组合式披肩围巾功能分析

该围巾具有披和围两种功能。当作为披肩时，可以使用别针扣成对襟式或对肩式。当作为围巾时，可以胸前交叉、肩交叉、背交叉等多种形式使用。组合式披肩围巾既可以保暖也可以作为装饰用。

二、师徒手导

1. 组合式披肩围巾效果图绘制（图2–2）

（1）画出人体结构：注意围巾较宽大，模特发型可清爽些［图2–2（a）］。

（2）画出适合该人体系戴方式的围巾结构［图2–2（b）］：

①交代领口与领子的造型；

②围巾与肩、颈、臂、手的关系；

[1] 空气层提花是织物两面反向选针提花。织物正面按照花纹需要选针编织，织物反面与正面选针相反，正面编织时反面不编织，正面不编织时反面选针编织。

③围巾形成的衣摆造型及与人体的位置关系；
④围巾在人体身上因人体的体型而形成的衣纹结构；
⑤流苏的形式。
（3）根据围巾的系戴方式，画出与之搭配的服饰。
（4）给围巾上色，然后给相配的服饰上色，注意配色要协调［图2-2（c）］。

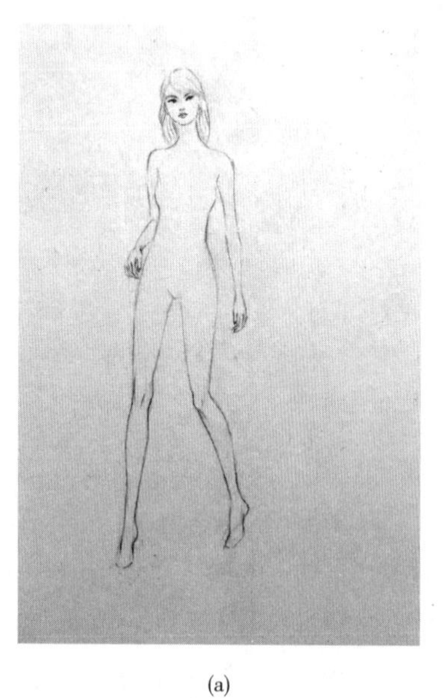
(a)

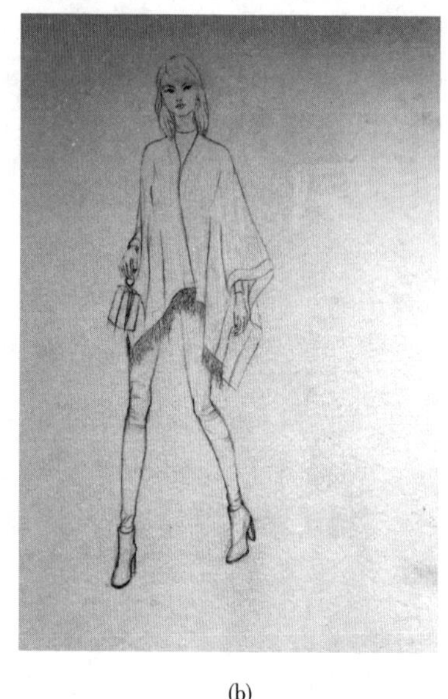
(b)

(c)

图2-2　披肩围巾

2. **组合式披肩围巾款式图绘制（图2-3）**
（1）根据比例、尺寸画出平面款式的整体结构。
（2）绘制流苏时注意该流苏有细细卷曲效果，不是直的。
（3）加粗外轮廓更加美观。

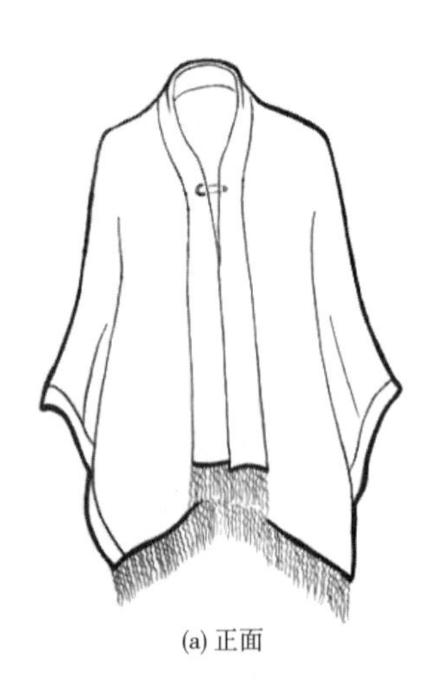
(a) 正面

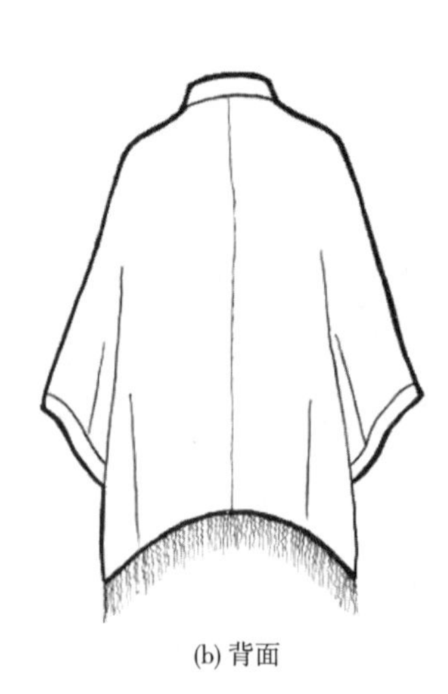
(b) 背面

图2-3　披肩围巾款式图

三、匠心精技提示

（1）效果图是服装穿着在人体上所呈现的状态，在产品设计时往往是先画出所构思的外观效果，并不断调整以达到理想设计状态。在绘制效果图时，要充分表现出产品的款式、色彩、装饰与人物的体型、动态、发型、气质、肤色之间的关系，并与搭配的服装一同呈现出较完美的效果。

（2）款式图是根据设计效果图进行产品的结构、工艺、材料、装饰进行分析，得出完成产品制作结构图和工艺图，用以指导生产。因此，款式图是实现效果图的内在结构表达与工艺制作的分解图，所以绘制款式图时必须对每个环节交代清楚，如果有些细节在整体的图里不能充分展现的，应将局部放大进行表现，如果用画图不能交代的，要加以文字说明。

（3）本款在绘制效果图时，要根据披肩围巾系戴在人体上出现的结构和形成的款式及褶纹表达清楚，才能较好地表现出披肩围巾在着装中的魅力。

（4）对于毛织产品的设计，材料的性能表现非常重要，但其成品效果往往要经过编织后才能看得出来，对于未呈现的效果很难预想，因为不同的编织结构，即不同的图案组织结构直接影响产品的外观效果。因而很多毛纱商业者在生产出新品毛纱后总会编织一些样品进行毛纱产品推销。设计师可以多去毛纱开发商和经销商那里收集编织好的织片，根据其视觉和手感效果进行相应的产品设计。因而在进行产品设计时，要提供毛纱材料样品或织片小样。

第二节　彩条谷波短裙设计

一、实操引导

1. 彩条谷波短裙款式分析

该款短裙如图2-4所示，为收腰短筒裙，腰头宽4.5cm，裙身长32.5cm，腰围尺寸为

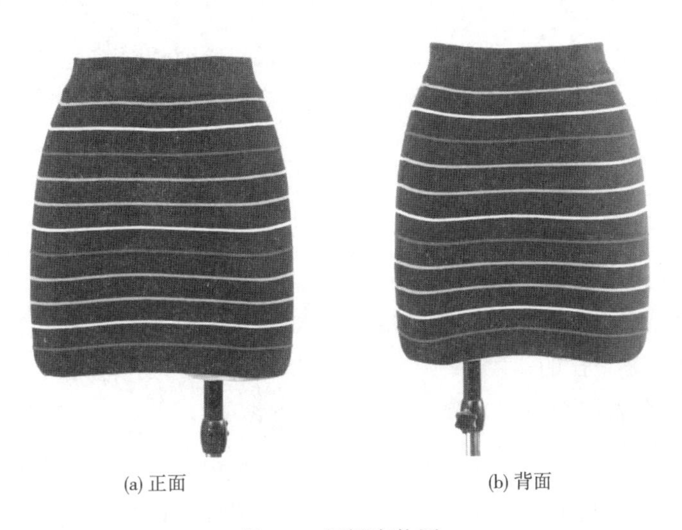

(a) 正面　　(b) 背面

图2-4　短裙实物图

62cm，裙摆围与裙臀围尺寸一致为73cm，体现毛织物弹性好的特点。该款短裙共设计了11条谷波彩条，彩条的谷波宽为0.4cm，每间隔2.5cm设计一条谷波彩条，裙摆底边线至第一条谷波条的距离为3.5cm，最后一条谷波条到腰围的距离为0.5cm。

2. 彩条谷波短裙色彩分析

谷波短裙的彩色横条纹为装饰，彩色条纹在裙身表面由四个颜色重复设计，四个颜色分别是湖蓝、白、红、橙，四色为一组共重复三次。裙身的颜色为宝蓝色，深而不闷使彩色条纹的视觉效果特别突出，增加了裙子的设计感。

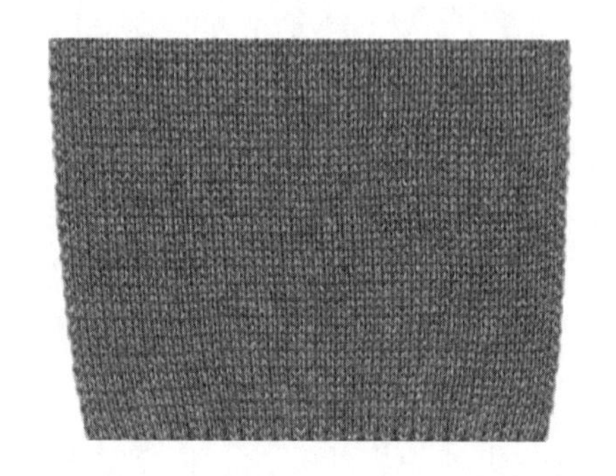

图2-5　四平组织

图2-6　圆筒组织

3. 彩条谷波短裙花型分析

该款短裙采用的是四平组织[1]为基础的谷波组织，腰头是1×1罗纹组织并内穿橡筋带，毛织物的弹性使彩色谷波短裙不需要设计腰头开口或安装拉链，穿着十分方便，裙摆边有约1cm圆筒设计[2]，防止裙口卷边变形。

4. 彩条谷波短裙装饰分析

谷波短裙采用彩色立体谷波彩条装饰设计，谷波具有一定的立体感，不仅丰富了裙子的层次，而且增强了的横条纹的装饰感。

5. 彩条谷波短裙功能及搭配分析

谷波短裙独立着装与辅助着装两种功能。独立着装时，作为夏装与上衣进行搭配穿着即可，谷波短裙在搭配上衣时可选用齐臀线长的上衣，或配齐腰紧身背心，外罩敞襟薄纱上衣，在着装效果上充分体现了彩条的装饰性。辅助着装可以与秋装搭配，穿着在打底裤外面起到辅助作用。

二、师徒手导

1. 彩条谷波短裙效果图绘制（图2-7）

（1）该款谷波短裙是合体的造型，裙长及大腿中部，裙摆较窄，需注意人体动态对短裙造型的影响，尤其是下摆的弧度。

（2）注意每一条谷波线条都要顺从人体动态变化。

---

❶ 四平组织又称满针罗纹组织，即用两排对角针板编织的双面织片，织片底面外观相同。

❷ 圆筒组织是粤语名称，也可称为管状组织、空转组织，通常用于毛衫边缘起到织物不卷边的作用。

（3）彩色条纹的数量和间隔距离需认真计算和安排，条纹的颜色从上至下按湖蓝—白—红—橙的顺序排列、反复。

（4）搭配的上衣基本款式造型交代清楚，使服装效果图的整体效果有较好表现。

2. 彩条谷波短裙款式图绘制（图2-8）

（1）先按比例画出短裙廓型，该款式的正、背面相同，可以只画正面。

（2）绘制谷波组织时，应先找准每一条谷波的位置再仔细描画，保证数量、宽度和位置准确。

（3）腰头和下摆的1×1罗纹组织比较细腻，建议用较细的笔。

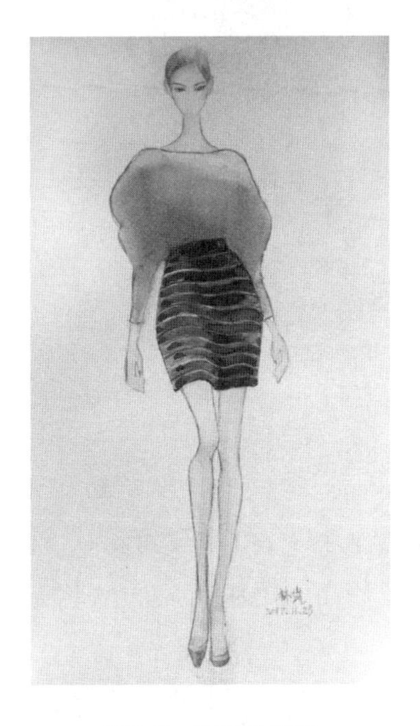

图2-7　短裙效果图

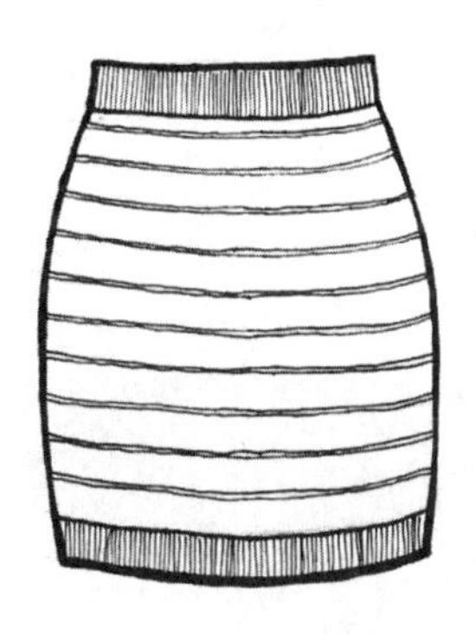

图2-8　短裙款式图

三、匠心精技提示

（1）该款的谷波组织比较细，凸起效果不太明显，但谷波组织是可以根据款式要求改变宽度的，其凸起效果也会随之改变。

（2）裙摆的圆筒组织与裙身的四平组织表面上都很像纬平针组织，但纬平针的线圈比较疏松，圆筒组织和四平组织比较紧密，若将它们进行拉伸展开就容易辨认。

第三节　无袖高领毛织女装设计

一、实操引导

1. 无袖高领毛织女装款式分析

该款无袖高领毛织女装从名称上可知其款式的基本结构是高领、无袖，产品造型为合体

X型，衣身长设计到臀线上方，肩部为露手臂设计，袖夹[1]底贴近腋窝，防止穿着时露出文胸。领子为原身直高领，其高度设计为12cm（从肩颈点到领口线）长，穿着时不做任可处理，是高领造型，将领高略做收缩则成堆堆领，将领往外翻折则为小翻领，往内翻折是小立领（图2-9）。

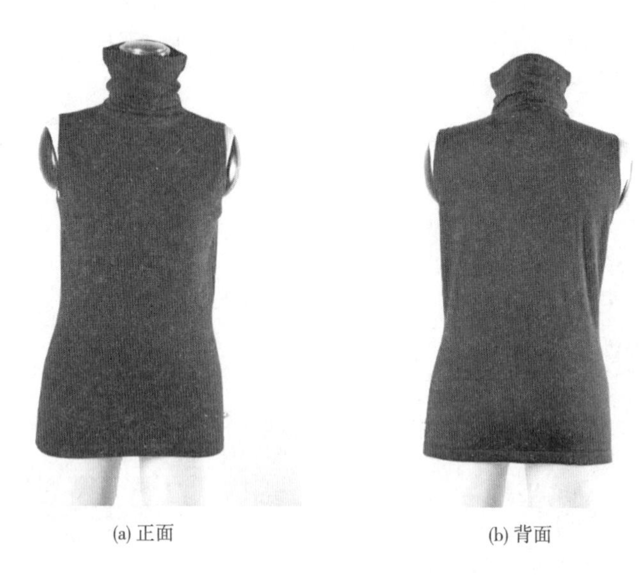

(a) 正面　　(b) 背面

图2-9　无袖高领女装实物图

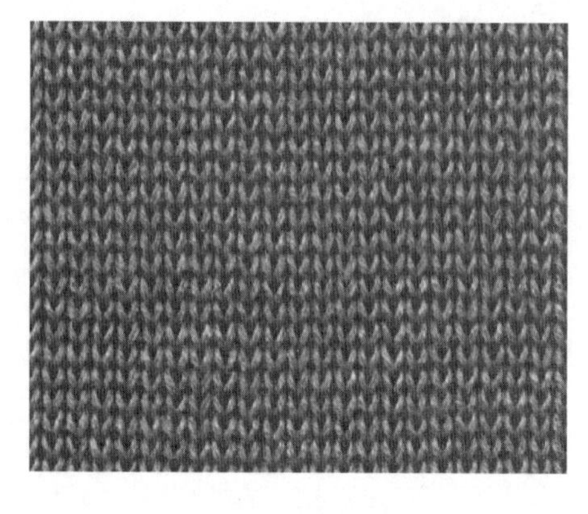

图2-10　三平组织

2. 无袖高领毛织女装色彩分析

该款无袖高领毛织女装的颜色为单色——宝蓝色。

3. 无袖高领毛织女装花型分析

该款女装全身采用纬平针组织设计。领口无开合设计，衣摆是2cm宽的圆筒边设计，既确保二者边缘的整齐，又防止卷边变形。袖窿边缘为1.2cm的三平组织[2]（图2-10），既不易变形又整齐美观，还能省略缝盘步骤。

4. 无袖高领毛织女装装饰分析

该款无袖高领毛织女装为无装饰设计，简洁素雅，穿着者可根据穿着需要配戴项链和腰带作为装饰。

5. 无袖高领毛织女装功能及搭配分析

该无袖高领毛织女装为合体服装，可在气温较低时作为内搭，与披肩、无领外套或大翻领风衣搭配均可，保暖舒适。也可外穿，搭配半裙、背带裙、裤子等，简洁大方。

---

[1] “袖夹”是毛织服装行业里对袖窿的叫法，根据袖窿弧度可分为直夹、弯夹、入夹。

[2] 三平组织又称为罗纹半空气层，由一个横列的四平和一个横列的平针组成。该组织织物两面具有不同的密度和外观，延伸性较大，手感柔软。

二、师徒手导

1. 无袖高领毛织女装效果图绘制（图2-11）

（1）绘制该款毛织女装为体现高领造型，模特的发型尽量不遮挡颈部。

（2）纬平针组织的毛衫较薄较软，褶皱的绘画应体现出特点。

（3）给该款搭配下装可考虑使用较为硬朗的材质，如牛仔裤可与其形成材质对比。

（4）该款毛衫较为简约，绘制效果图时可适当添加配饰，丰富整体效果。

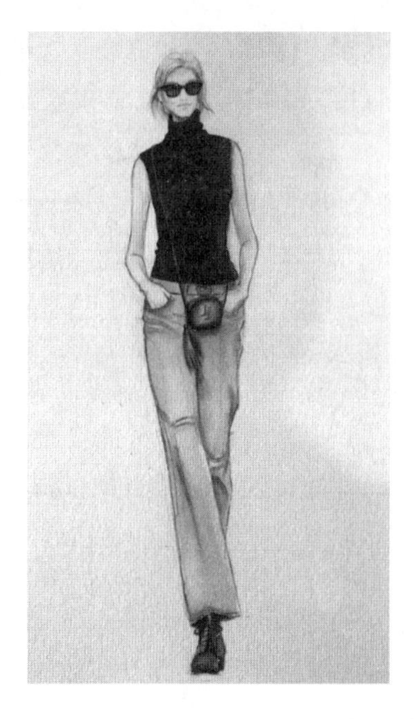

图2-11　无袖高领毛织女装效果图

2. 无袖高领毛织女装款式图绘制（图2-12）

（1）定出比例，画出平面款式的整体结构。

（2）要将袖夹收针的纹理形象地表现出来。

（3）高领的正、背面要注意区分。

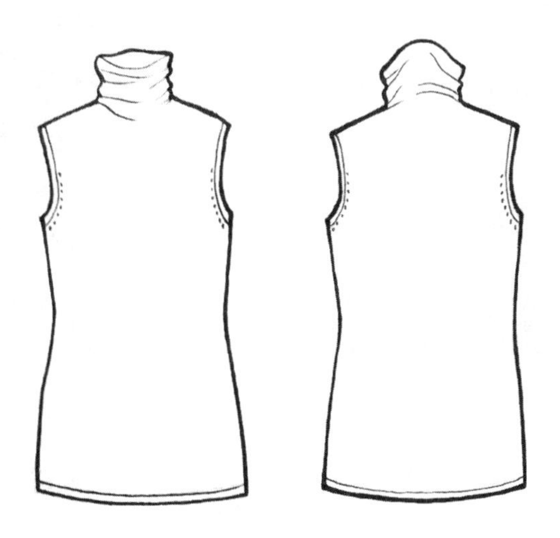

图2-12　无袖高领女装款式图

三、匠心精技提示

（1）绘制该款无袖高领毛织女装的效果图和款式图时，如果让高领翻折，则领子呈现的效果是较挺立的，如果不翻折而将领子堆积在脖子处，最好画出一些褶皱，褶皱可以是规则的，也可以是不规则的。

（2）该款无袖高领毛织女装的花型还可采用罗纹组织，如果有兴趣可以试试，可能效果令你惊喜！

（3）原身出：原身出是指服装上有些部分在传统服装的结构上是要分离设计的，但随着毛织电脑横机技术的不断智能化，电脑横机实现了织可穿技术，越来越多的分离结构可以变成连体编织，如口袋、领子、附着在服装表面上的多层次装饰结构都可以通过原身出工艺直接编织出来，而不需要增加工艺上的其他操作。

第四节　杏领间色长袖衫设计

一、实操引导

1. 杏领间色长袖衫款式分析

该款设计为细针的普通款杏领间色长袖。其款式的基本造型是直筒型，领的造型象杏仁的外形，领口边线不是直线，略有弧形，领尖处没有V领尖细，袖子为合体长袖、衣身为直筒形。领口的工艺为包边缝制（图2–13）。

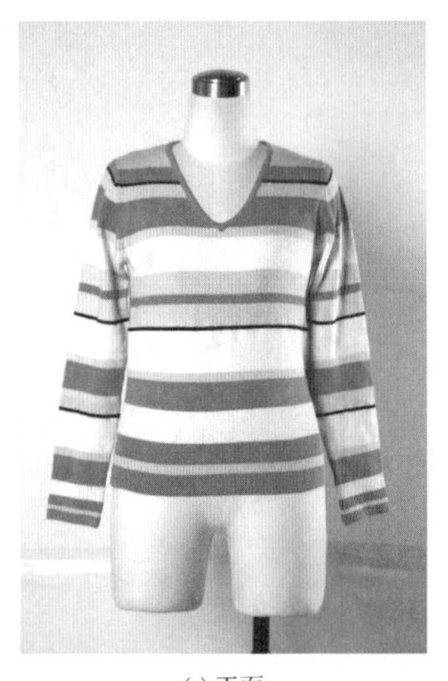

(a) 正面

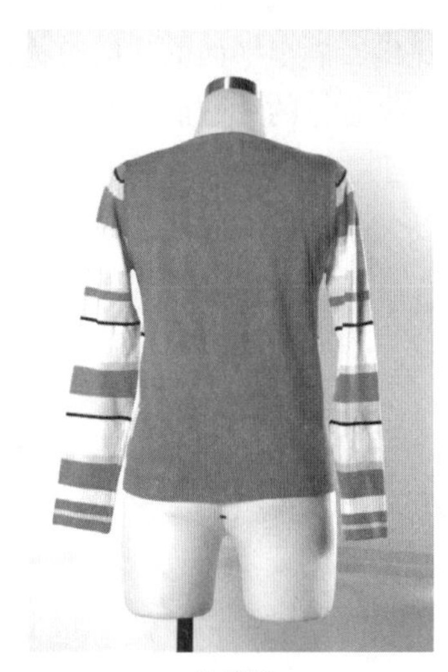

(b) 背面

图2–13　杏领间色长袖衫实物图

2. 杏领间色长袖衫色彩分析

该款杏领间色长袖衫除了后片为单一的橙色，其他部位由四种颜色间隔排列设计，分别是橙红、浅杏、白和黑色。

前衣身的颜色排列（从衣摆往肩部）依次为：3cm橙色、1.5cm浅杏色、3cm橙色、4.5cm白色、4cm橙色、1.4cm浅杏色、5.5cm白色、0.5cm黑色、3cm浅杏色、1.4cm橙色、3cm浅杏色、4.6cm白色、1.6cm浅杏色、4.5cm橙色、2.5cm浅杏色、0.5cm黑色、2.5cm橙色，最后是根据肩部的形状为4～6.5cm的浅杏色。

袖子的颜色排列（从袖口往肩部）依次为：1.4cm橙色、0.6cm浅杏色、1.4cm橙色、2.4cm白色、3.8cm橙色、1.4cm浅杏色、5.5cm白色、0.5cm黑色、2.8cm浅杏色、1.4cm浅杏色、5.5cm白色、0.5cm黑色、3cm浅杏色、1.4cm橙色、3cm浅杏色、4.6cm白色、1.6cm浅杏色、4.5cm橙色、2.5cm浅杏色、0.5cm黑色、1.4cm橙色。

衣身与袖子的间色分布由肩至腰节处为平衡对称排列，特别是至肩部的黑色线设计将肩部分割成一个脱肩造型。

3. 杏领间色长袖衫花型分析

该款杏领间色长袖衫采用两种结构，细针编织，衣身为纬平针花型，领口为0.8cm宽的纬平针包边，衣摆为12cm长的2×1罗纹定型，袖口为6cm长的2×1罗纹组织。

4. 杏领间色长袖衫装饰分析

该款式杏领间色长袖衫是以色彩变化作为装饰的设计，所用明度较高的白色和浅杏色与纯度较高的橙色和黑色形成对比，既清爽而又亮丽。

5. 杏领间色长袖衫功能及搭配分析

该杏领间色长袖衫适合在春、秋季外穿或内穿，外穿时可与该款间色中的任一颜色相同或相似的裤装或裙装搭配，与橙色下装搭配显得温暖、艳丽，与杏色和白色下装搭配显得明快、亮丽，与黑色下装搭配略显稳重。如果想达到更加活泼的造型，可采用橙色的对比色与之搭配，如蓝色、紫色。

二、师徒手导

1. 杏领间色长袖衫效果图绘制（图2–14）

（1）间色条纹方向需跟随人体动态而变，绘制动态简单的模特可降低难度。

（2）该款间色衫已有较多色彩，适合绘制单色低明度的下装与之搭配。

（3）间色分布效果绘制要准确。

图2–14 杏领间色长袖衫效果图

2. 杏领间色长袖衫款式图绘制（图2–15）

按照杏领间色长袖衫设计的长宽比例较准确地画出正面和背面基本形，用以指导画花、吓数、缝盘和后整工艺。

（1）衣身前片和两只袖子的条纹是对位的，绘制时要特别谨慎。

（2）杏领的造型有一定的弧形，是毛衫特有的领型，要绘制准确，不要画成V领。

三、匠心精技提示

（1）在绘制该款杏领毛织服装效果图和款式图时，注意杏领与V领的造型有所区别，但在衬托脸型时有着相同的理论指引。

（2）在毛织服装中最常见的领口处理有两种，一种是罗纹边，另一种是纬平针下栏[1]包边。

（3）间色就是在服装上进行横条色彩变化，色彩的横条宽度由编织的转数来决定。在

[1] 毛衫制作中，除了主要衣片外，需要另外编织的零部件都称为下栏，如领贴、袋盖等。

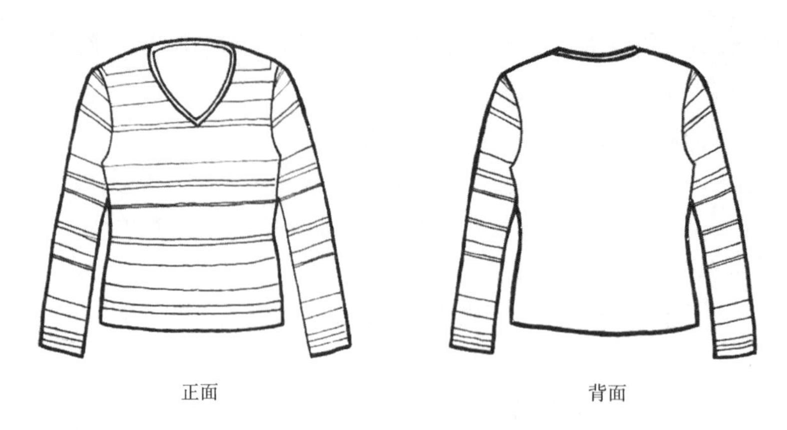

图2-15　杏领间色长袖衫款式图

设计中通常有如下几种变化规律：一是反复，一组色彩条反复出现，通常为两种色或以上为一组；二是渐变，将色条的转数逐渐增多或逐渐减少而形成。

第五节　高领插肩长袖衫设计

一、实操引导

1. 高领插肩长袖衫款式分析

该款粗针高领插肩长袖衫设计的特点是领子比较宽大，为20cm高的罗纹组织翻折下来的，袖子是插肩式长袖，衣身为直筒形（图2-16）。

2. 高领插肩长袖衫色彩分析

该款高领插肩长袖衫的前衣身选用多彩灰，后衣身和袖子是苔鲜绿，衣领是黑色。其中

图2-16　高领插肩长袖衫实物图

多彩灰中既有灰色像素，又有绿色偏向，在整款色彩设计中很好地连接黑色和绿色。

3．高领插肩长袖衫花型分析

该款高领插肩长袖衫采用了2×2罗纹、3×3扭绳两种结构花型，扭绳的样式为上下层叠式，线条感更强烈，粗针的罗纹和扭绳显示出粗犷的立体感。插肩袖夹与后衣身袖夹是罗纹组织收针，因而形成了整齐统一的边界。

4．高领插肩长袖衫装饰分析

该款高领插肩长袖衫以花型纹样的立体感所形成的肌理作为装饰，立体感强。插肩袖夹与后衣身袖夹的罗纹组织边内收针所形成的树杈状的肌理效果，具有较好的装饰和审美视觉。

5．高领插肩长袖衫功能及搭配分析

该款毛衣为采用粗针编织的保暖型服装，高领设计具有围巾装饰和保暖作用，既丰富造型又保暖。该款由三个颜色组合，在搭配其他颜色时尽量选择同色系搭配。

二、师徒手导

1．高领插肩长袖衫效果图绘制（图2–17）

（1）绘制扭绳组织时，一要注意它们的位置、宽度、方向，应该先用铅笔作浅浅的记号，二要注意扭绳的方向是以人体中线为对称轴的两个相反方向。

图2–17　高领插肩长袖衫效果图

（2）该款毛衣已有三个颜色，配饰的配色难度较大，低调的色彩会比较适宜。

2. **高领插肩长袖衫款式图绘制**（图2-18）

（1）插肩袖夹与后衣身袖夹的收针，所形成了整齐统一的边界及罗纹边内树杈状的肌理表现到位。

（2）注意领子、袖子上的罗纹组织方向。

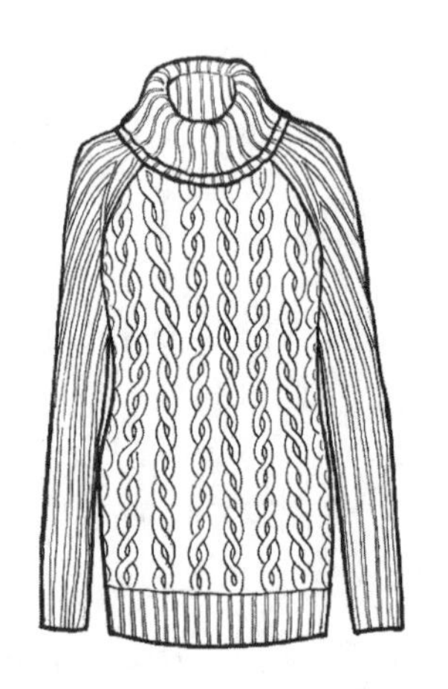
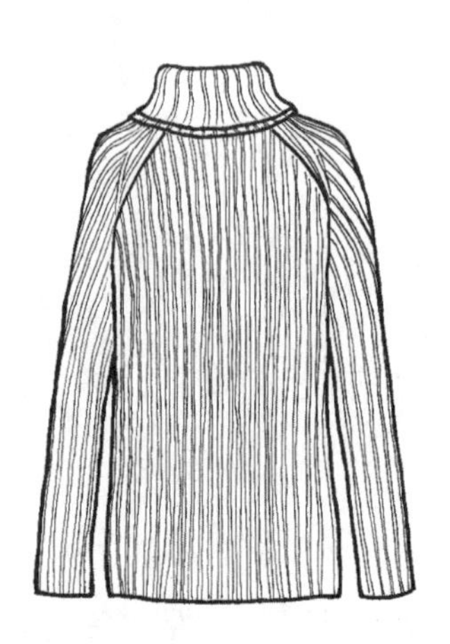

图2-18　高领插肩长袖衫款式图

三、匠心精技提示

（1）在绘制该款高领插肩长袖衫的效果图和款式图时要注意，领口宽大，几乎占据了肩部的位置，在表现时要精细描绘出领子的造型及领子在肩部呈现效果。

（2）绿色搭配知识：在服装搭配中有一句俗语叫“红配绿，俗得透”。红色与绿色是对比色，这通常是指大红与大绿进行等量搭配而产生的强烈对比的效果。其实改变两者的呈现面积或色彩的明度和纯度，减少对比的强度，就会出现鲜亮、喜庆、暖和的配色效果。绿色的变化丰富多样，如清新的苹果绿与白色搭配显得青春朝气，华丽的宝石绿与黑色搭配显得大气端庄，中性的丛林绿与咖啡色搭配营造帅气之感。

第六节　船领中袖挑孔女装设计

一、实操引导

1. **船领中袖挑孔女装款式分析**

该款船领中袖挑孔女装款式为合体X型，具有修身、清爽的视觉感。船形领，袖长过手肘6cm，衣摆为前后左右非对称型，前衣摆为右侧有重叠设计的弧形摆，后衣摆为平摆，衣身长设计为前衣摆长至大腿中部，后衣摆线过臀线5cm。衣摆上清晰的罗纹组织可随着装者的行走而产生一种律动的美感（图2-19）。

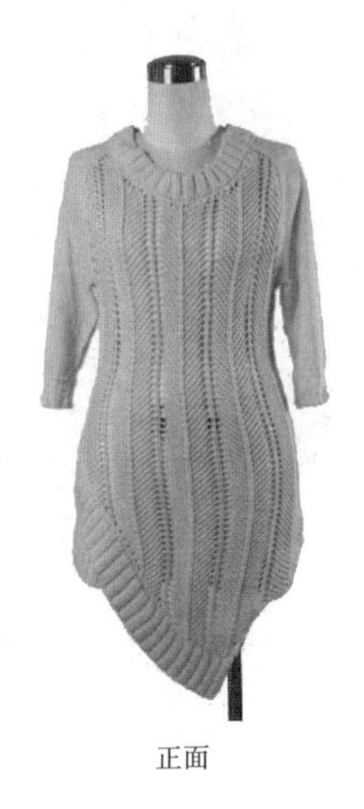
正面

背面

图2-19　船领中袖挑孔女装实物图

2. 船领中袖挑孔女装色彩分析

该款女装的颜色为鹅黄色，即像小鹅绒毛的颜色，能较好地体现出服装的花型结构和粗细针对比效果。

3. 船领中袖挑孔女装花型分析

该款女装采用粗细针织片结合，前身为粗针对称型挑孔与令士组织[1]，整齐美观，后衣身、袖身为细针纬平针组织，领口为4cm的2×1罗纹，衣摆为6cm的2×1罗纹，袖口为粗针2cm的令士加2cm 2×2的罗纹口，既确保开口边的整齐，又防止卷边变形。

4. 船领中袖挑孔女装装饰分析

花型设计对该款服装具有较好的装饰作用：一是粗针挑孔组织效果清晰，具有点状花纹的排列效果；二是粗针令士具有较强的肌理感，而细针的纬平针细腻柔软，两者形成鲜明对比。

5. 毛船领中袖挑孔女装功能及搭配分析

该款女装为合体服装，可在较温暖的春、秋季穿着，着装时里面可配对比色内衣，内衣的颜色可通过细孔隐约地透出来，增强着装的色彩层次。该款还适合作为内搭，与机织面料的长外套、风衣产生材质对比。

二、师徒手导

1. 船领中袖挑孔女装效果图绘制（图2-20）

（1）本款的合体造型要随人体胸部、腰部和臀部的运

图2-20　船领中袖挑孔女装效果图

[1] 令士组织也称为双反面组织，是由正面线圈横列和反面线圈横列相互交替配置而成。

动而灵活调整。

（2）绘制该款毛衫的挑孔组织、令士组织需注意随人体运动而变化。

（3）船领在穿着时所形成的造型要表现逼真，和圆领的表现有区别。

（4）绘制挑孔组织时，注意皮肤色和服装色之间微妙的明暗关系。

2. *船领中袖挑孔女装款式图绘制*（图2-21）

（1）该款袖长至肘，绘制时应表达准确。

（2）插肩袖袖夹收针的纹理状如麦穗，请仔细描绘。

（3）袖口的令士与罗纹组织进行区别表现。

（4）领口、下摆的罗纹宽度不一致，组织方向应随领口、下摆的形状变化而变化。

（5）衣摆右边的重叠设计要清楚交代。

图2-21　船领中袖挑孔女装款式图

三、匠心精技提示

（1）密度稀疏的挑孔组织可多应用在轻薄飘逸的春夏毛衫上，但在电脑横机编织挑孔组织时是比较容易出现漏针、断纱问题的，解决这一问题的办法是选用较好的电脑横机来编织挑孔组织毛衫，或者在设计挑孔组织毛衫时结合其他组织一同编织。

（2）挑孔组织的外观效果由粗针电脑横机编织出来较明显，细针电脑横机编织的挑孔组织织物偏薄偏软，对镂空线圈形状的表现没那么明确。

第七节　圆领局部提花女装设计

一、实操引导

1. *圆领局部提花女装款式分析*

该款圆领局部提花女装款式的领口较宽，领口边为1.5cm的下栏包边，下栏配金丝线编织。宽松长袖，袖夹是弯夹，袖口为3.5cm高的罗纹边。衣身宽松，下摆为5cm高的罗纹组织形成的U型摆，下摆左右侧缝处有分小圆形分割设计，让下摆罗纹互不对缝，而是接缝在分割的小圆形边线上，使衫身造型形成包裹状（图2–22）。

2. 圆领局部提花女装色彩分析

该款圆领局部提花女装的颜色设计选用黑色、白色和金色，黑色是该款服装的主体色，白色用于该款服装的斑马条纹图案的提花配色，而隐约可见的金色为领口下栏中穿插的编织配色。服装整体色彩的感觉是白色斑马纹效果突出，较好地达到了提花的效果。

3. 圆领局部提花女装花型分析

该款圆领局部提花女装为细针编织的空气层提花，是在服装前片编织了斑马纹的头颈部图案，编织局部提花的优点在于减少非提花部位的厚度。圆领下栏为纬平针，衣摆和袖口均为2×1罗纹，衣身与袖身非提花部分均为纬平针设计。

4. 圆领局部提花女装装饰分析

该款圆领局部提花女装的装饰主要在于提花图案的应用，图案选取了斑马的头与颈，从衣身胸前延伸到袖身上。斑马脸部的纹理较细密，颈部纹理较稀疏，形成渐变效果。图案随着穿着者手部的摆动而产生动感的节奏，具有较好的装饰效果。

5. 圆领局部提花女装功能及搭配分析

该款毛衫为采用细针编织的外穿型服装，外穿、内搭均可。该款服装只有黑白两色，在颜色搭配上选择面比较宽泛，小面积搭配饱和度高的配饰会有强烈的对比效果。另外，这种大面积单独纹样的装饰带有很强的波普装饰艺术风格，因而可以选择夸张的配饰如大太阳境、长筒皮靴、铆钉皮包等。

图2–22　圆领局部提花女装实物图

二、师徒手导

1. 圆领局部提花女装效果图绘制（图2–23）

（1）本款毛衫较宽松，要准确表现服装穿在人体上形成的褶皱，尤其是胸部、腰部的褶皱表现要符合人体曲线变化。

（2）斑马造型的提花组织要按比例画出，形象美观。

（3）该款服装为细针毛衫，尽量表现细腻的质感。

（4）上色时，黑色毛衫的亮面不太明显，但也要准确表达。

2. 圆领局部提花女装款式图绘制（图2–24）

（1）按照该款女装的比例将肩宽、衣长、袖长及外型结构绘出。

（2）该款服装的圆领领口，弯夹部位、衣身、衣摆和袖身造型准确地交待。

（3）袖口、衣摆的2×1罗纹组织比较紧密，可用细线条表现。

（4）该款毛衫较宽松，需在衣身、袖子上绘制一定量的褶皱。

图2–23　圆领局部提花女装效果图

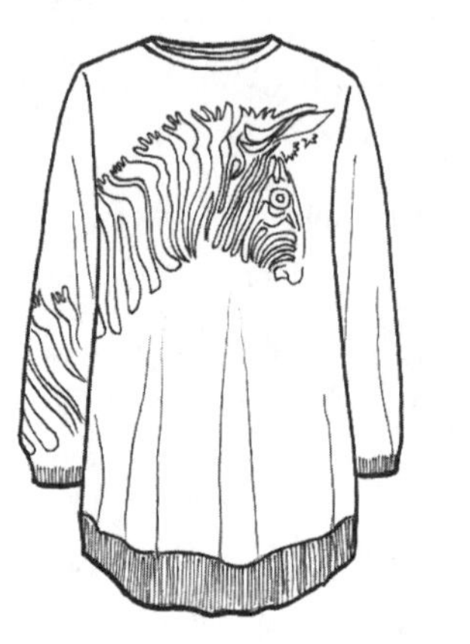

图2–24　圆领局部提花女装款式图

三、匠心精技提示

（1）提花毛衫在设计上对图案没有太大限制，设计师可大胆创新、表达个性。

（2）一些服装搭配的基本知识：

①款式搭配基本原则：宽松型配窄紧型，长大配短小，复杂配简洁。

②色彩搭配基本原则：素色配花色，艳色配沉色，明度高的配明度低的，纯度高的配纯度低的。

③风格一致的原则：服装呈现出很多种风格，在着装时要搭配成统一的风格，古典风格体现优雅、端庄，波普风格体现活力时尚，简约风格体现精致，中性风格体现俊俏。

④优化身材的原则：身材偏胖的人不宜穿点状图纹和圆摆服装，宜穿色彩纯度较低和适当露肤的服装；身材偏矮的人不宜穿深颜色，或竖条相间面积大且对比强烈的服装，宜穿颜色明度高的服装；身格瘦弱的人不宜穿暗色和过于紧身的服装，宜穿略显宽松，颜色鲜亮的服装。

第八节　绞花开襟衫设计

一、实操引导

1. 绞花开襟衫款式分析

该款绞花开襟衫为翻领对襟设计，领座与领面一体式，总高16cm，前领自然翻折，后领为对半翻折。设计3cm罗纹，钉黑色4眼扣5粒，插肩袖，8.5cm高的罗纹袖口，衣身为直筒式，设计8.5cm高的罗纹下摆（图2–25）。

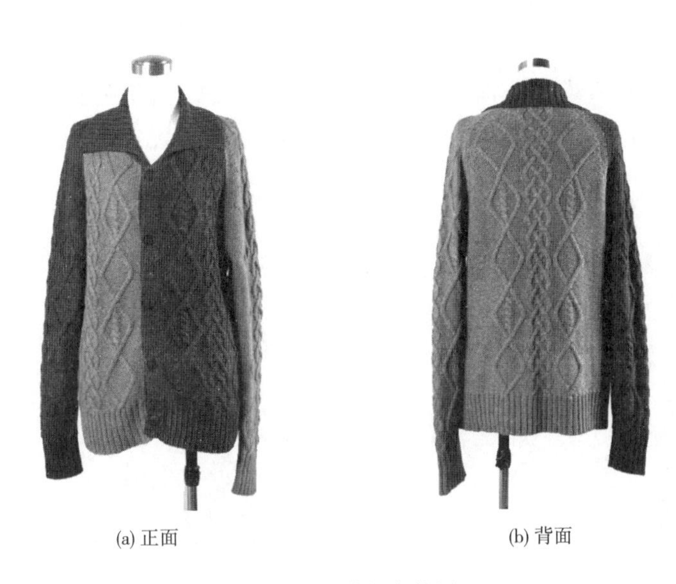

(a) 正面　(b) 背面

图2–25　绞花开襟衫实物图

2. 绞花开襟衫色彩分析

该款绞花开襟衫的颜色设计选用深灰色和浅花灰两种颜色。左衣片、右袖身、门襟、领子为深灰色，右衣身和左袖身为灰色。左右颜色进行交叉设计，中间纯色的领子作为桥梁进行协调。

3. 绞花开襟衫花型分析

该款绞花开襟衫花型在领子、衫摆、门襟、袖口处采用了2×2罗纹组织设计，在前后衣身和袖身上均采用2×2绞花设计，分别为花编扭绳、菱形搬针及菱形中互扭式扭绳。整件服装以纬平针反针衬托绞花花型，使绞花花型显示出较为强烈的立体感。

4. 绞花开襟衫装饰分析

该款绞花开襟衫主要是以绞花花型纹样的立体感所形成的肌理作为装饰设计，分别在前衣片左右两边进行对称分布，后衣身和袖身为一组花型独立分布，具有浮雕般的美感。

5. 绞花开襟衫功能及搭配分析

该款毛衣为外穿型服装，采用粗针编织，可于春秋或冬季穿着，具有一定的保暖功能。

该款布色为深灰、浅灰两色交互分布，可搭配与该款颜色接近的裤装或裙装穿着，但略显沉闷；若搭配九分牛仔裤和白色板鞋，则显得休闲活力。

二、师徒手导

1．绞花开襟衫效果图绘制（图2–26）

（1）该款毛衣的绞花组织变化丰富，绘制时要注意它们和服装造型及人体的关系，并将粗针厚实的肌理质感表现到位。

（2）纽扣的间距、大小要准确。

（3）上色时，深灰与浅灰要表达明确。

2．绞花开襟衫款式图绘制（图2–27）

（1）要将领子的造型及与门襟的关系清楚地表现出来。

（2）按比例画出绞花花型，清楚交代领、门襟、衫摆、袖口的罗纹组织。

（3）插肩袖夹与前、后衣身夹位的绞花花型末端因收花而发生变化，该细节需表现到位。

图2–26　绞花开襟衫效果图

(a) 正面

(b) 背面

图2–27　绞花开襟衫款式图

三、匠心精技提示

（1）该款绞花开襟衫的绞花立体感很明显，是因为绞花部分使用的是纬平正针，而其余地方皆为纬平针的反针，这种织法在绞花毛衫中比较常见。

（2）绞花（扭绳）组织设计：扭绳组织是两股或多股纱支相互扭织在一起形成的，在毛织编织中是通过搬针动作来实现其形态，其外形像一条绳子或辫子。扭绳的设计方法有如下几种：

①对称型和非对称型：首先对于对称的理解是指左右两边的对称，这里是指编织扭绳组织两边的纱支是一样的。如1×1、2×2、3×3、5×5等；而非对称则是编织扭绳组织两边的纱支数一多一少，如3×2、4×2、5×3等。

②疏扭形和密扭型：首选从字面上理解疏和密是相反的两种形式，疏扭型就是每扭一次要相隔较大的距离再扭，密扭型就是每次扭织的间距小。

③渐变型：渐变型分疏密渐变型和大小渐变型，疏密渐变型是由疏到密或由密到疏扭织而成；大小渐变型，在对称与非对称型中，由多条纱支互扭逐渐减少或增多而使扭绳的形状由大变小或由小变大扭织。

④花扭型：由四股以上纱支进行穿插扭织而成的扭绳组织，在设计中主要体现的特点是花式扭织的各种方法和形态。

第九节　双层领冚毛直夹女装设计

一、实操引导

1. 双层领冚毛直夹女装款式分析

该款双层领冚毛直夹衫女装为V形领口，领面上高下低、上窄下宽的双层翻领为燕翅领造型，领口与外领周长为75cm，内领周长为60cm，外领总高12.5cm，内领高10cm。门襟是绕领围一周的2.5cm的四平组织，充当了领座功能，并装金属拉链。直夹长袖，袖夹线落到肩至手臂10cm处，袖长盖入着装者虎口，袖身为罗纹组织。衣身为直筒形，衣摆及胯，下摆为10cm高的罗纹。整个服装在造型上较宽松，是适合冬季穿着的粗针毛衣（图2-28）。

2. 双层领直夹女装色彩分析

该款双层领冚毛直夹女装的颜色设计选用稳重高雅的紫罗兰和鲜亮的浅紫色。衣身为紫罗兰和浅紫色两色相互交替形成不规则图案，领与袖身为纯紫罗兰色。同种色的搭配协调统

(a) 正面

(b) 背面

(c) 局部

图2-28　双层领冚毛直夹女装实物图

一，显服装秀美之感。

3. **双层领冚毛直夹女装花型分析**

该款双层领冚毛直夹衫女装为粗针编织，花型设计主要为令士组织、冚毛❶组织，衣身部分为5G❷紫罗兰和浅紫色两种毛纱分上下排纱，采用正反针编织而成，这样形成了富有图案效果的花型设计，衫脚为5G2×1罗纹，门襟为5G四平。内领为3G四平，外领与袖身为3G2×1罗纹。该服装使用粗针机器编织，冚毛与罗纹组织共同呈现出较强的凹凸肌理效果。

4. **双层领冚毛直夹女装装饰分析**

该款双层领冚毛直夹女装在款式上设计了具有装饰效果的两层领，在色彩上以紫罗兰为主色，以浅紫色为辅色，两色以正反针冚毛工艺编织出装饰感很强的图案纹样。在领子、袖子、衫脚等部位的罗纹设计都具有较好的装饰感。

5. **双层领冚毛直夹女装功能及搭配分析**

该款毛衫为外穿型服装，采用大粗针编织质地粗犷却设计花型精细的服装，适合于冬季外穿。此毛衫可内搭包臀连衣裙，配上踝靴，在视觉上大大拉长腿部线条；也可搭配合体喇叭长裤、合体短裙或长款直身裙，但因该款外套本来已含两种紫色，故搭配的服装色彩不宜太高调。

图2-29　双层领冚毛直夹女装效果图

二、师徒手导

1. **双层领直夹女装效果图绘制**（图2-29）

（1）该款双层领直夹女装的造型较宽松，穿在人体上腰部会形成少量褶皱，领口深，该款直夹衫的夹位与肩宽、袖长等级于人体的位置交代准确。

（2）衣身的正反针冚毛所形成的图案纹样与令士形成的凹凸立体感要准确表达。

（3）该款服装为粗针厚实型毛衫，要将其质感表现出来。

（4）紫罗兰主色与浅紫色配色表达准确。

（5）搭配的裙子的基本形式交待清楚，使服装效果图有较好表现。

2. **双层领冚毛直夹女装款式图绘制**（图2-30）

（1）照该款双层领冚毛直夹女装的比例将肩宽、衣长、袖长及外型结构绘出。

（2）将该款服装的双层翻领领口的飞镖造型和拉链门襟等作准确交代。

---

❶ 冚毛是粤语叫法，即为添纱组织，是指织针上的全部线圈或部分线圈由两根纱线形成的一种组织。

❷ 横机的针号（Gauge）简称G，表示针床上每英寸内的织针枚数，如粗针距（Goarse Gauge）有3.5G、5G、7G和9G，细针距（Fine Gauge）有12G、14G、16G和18G。

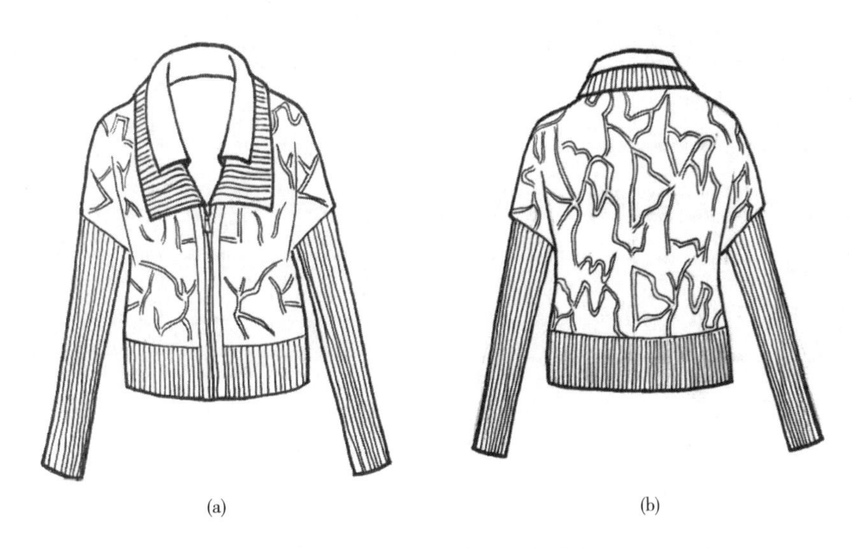

图2–30　双层领冚毛直夹女装款式图

（3）按比例画出衣身的正反针冚毛花型的图案形式，内领的四平，外领的2×1罗纹、门襟的四平、衫脚与袖身的2×1罗纹。

（4）该款在袖夹部分有加针，从而使衣服的肩点下垂到手臂上，绘制款式图应交待这一加针形成的结构关系。

三、匠心精技提示

（1）给效果图上色的时候，可用细笔沾取留白液将衣服的图案先覆盖，待干后用水彩或水粉给衣服整体铺色并注意明暗处理，然后将干了的留白液撕掉，再将图案颜色填上去。这样上色则能用大笔迅速完成整体色调，而不会受细腻的图案影响而显得琐碎。

（2）紫色是由温暖的红色和冷静的蓝色调配而成，是浪漫而又刺激的颜色，关于紫色的配色有如下实例：

①当紫色作为主色时，选择亮色作为点睛色比选择暗色要好。

②紫色是偏冷暗的颜色，与纯度高的色彩搭配会强化紫色的冷暗感，为此，通常选择纯度较低但亮度较高色相搭配，如杏色和紫色的搭配显得高级又内敛。

③紫色虽含有的红色素，却偏冷暗感，与偏暖的红色、橙色等配色其冷暗特性更加明显，相互之间会发生冲突而显得别扭。为此，紫色与红色配色时，就要协调好两色之间的强弱对比，比如增强红色强度，减弱紫色强度。

④高纯度的紫色与其他高纯度的色彩搭配，紫色会让整体画面不协调。要取得协调性，纯度的均衡就显得尤为重要。如果一种纯度较高，则另一种纯度就要降低，这样可以实现多样化的配色。例如纯度较低而明度较高绿色与纯度较高而明度较低紫色搭配，一个明，一个暗，这种明度搭配比较协调。这时，冷色系的青绿色和蓝色不及紫色抢眼，但是也可以突显紫色的色彩。

⑤紫色与邻近的蓝色搭配，结果会较平淡。这时如果在两种色彩之外配上一个暖色，就会打破平淡，出现较好的配色效果。

⑥紫色在高档的时装设计中相对运用比较广泛，善于运用紫色是成就高档时装设计重要设计因素，通过配色训练是可以实现的。

第十节　假两件套女装设计

一、实操引导

1. 假两件套女装款式分析

该款假两件套女装为V领半开襟弯夹长袖，外套一件假背心设计增强了着装的层次感，但也增加了工艺的复杂程度。该款V领半开襟为2cm宽的罗纹边，半开襟深为10.5cm，钉三粒四眼树脂扣。袖子腋下到袖口进行分割，以袖腋下缝线为准，腋下各分割1cm，袖口处各分割9.5cm，分割边缘用纬平针下栏包边处理。袖口为7.5cm高的罗纹边。领子造型类似酒杯，领与夹圈都以纬平针下栏包边处理。衣身为直筒形，衫脚为7cm高的罗纹边。V领半开襟所连接的衣身与衣袖为一种样式的花型，假式红酒杯领所连接的衣身为另一种花型，在视觉上造成是里外两件服装的感觉（图2-31）。

(a) 正面　　(b) 背面

图2-31　假两件套女装实物图

2. 假两件套女装色彩分析

该款假两件套女装的颜色设计选用黑色和米白色，点缀了少许淡黄色。V领半开襟所连接的衣身和袖身为黑和米白进行的细条纹间色设计，领口为米白色，袖口为黑色，袖身腋下分割出来的与假式外衣同花型，假式背心由黑色与米白色进行粗条纹间色布局，在黑色和米白中分别设计淡黄和黑色浮线提花作点缀色。衫脚罗纹为黑色，服装的纬平针包边下栏为白色。整件服装色彩黑白相间有规律，整体感强。

3. 假两件套女装花型分析

该款假两件套女装为细针编织，花型设计分两部分，V领半开襟所连接的衣身为间色纬平针反面花型，在领口为2×1罗纹，所连接的袖身为间色纬平针反面花型，腋下分割部分为间色浮线提花的反面花型，袖口为2×1罗纹。在假式背心所接连的衣身为间色浮线提花反面花型，衫脚为2×1罗纹。服装上的包边下栏为纬平针花型。

4. 假两件套女装装饰分析

该款假两件套女装在形式上设计了假背心，在花型上设计了两种形式的间色，同时点燃了浮线提花为间色过渡，丰富了服装上的装饰内容，起到了较好的装饰效果。

5. 假两件套女装功能及搭配分析

该款毛衣为外穿型服装，采用细针编织质地较薄的服装，因设计成假两件套，在结构和花型方面都做了细微安排，较适合于春秋季节外穿，在寒冷季节也可与长款风衣搭配穿着。

二、师徒手导

1. 假两件套女装效果图绘制（图2-32）

（1）具体步骤为：人体—服装轮廓—间色、提花组织—服装细节—色彩—整体效果。

（2）衣身上的条纹数量、位置、间距要根据实物准确绘制，请先用铅笔轻轻定位，确定无误后才能上色。

（3）间色条纹要随人体动态、曲线的变化而变化，切忌把条纹画的过于平直。

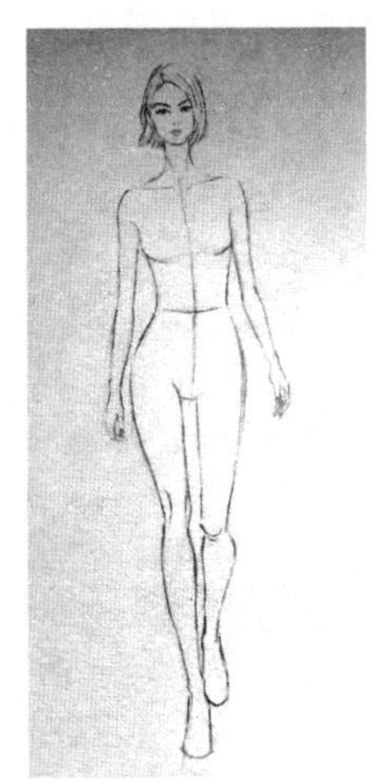
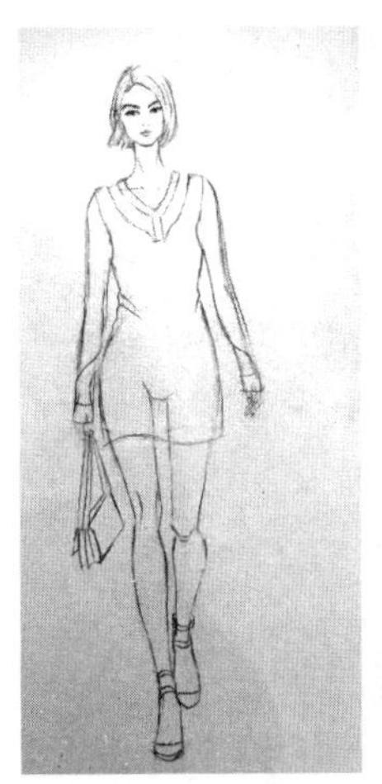
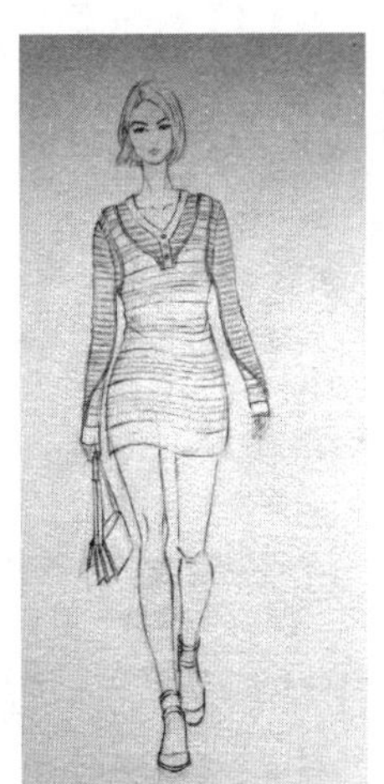

图2-32　假两件套女装效果图

2. 假两件套女装款式图绘制（图2-33）

（1）按照该款假两件套女装外观造型的比例将肩宽、衣长、袖长及外形结构绘出。

（2）该款服装的V领领口造型、半开襟造型、领口与半开襟的结构关系、包边工艺，袖子的弯夹造型工艺作完整交代。

（3）按比例画出领口袖口与衣摆的2×1罗纹组织，衣身、袖身的间色与浮线提花组织。

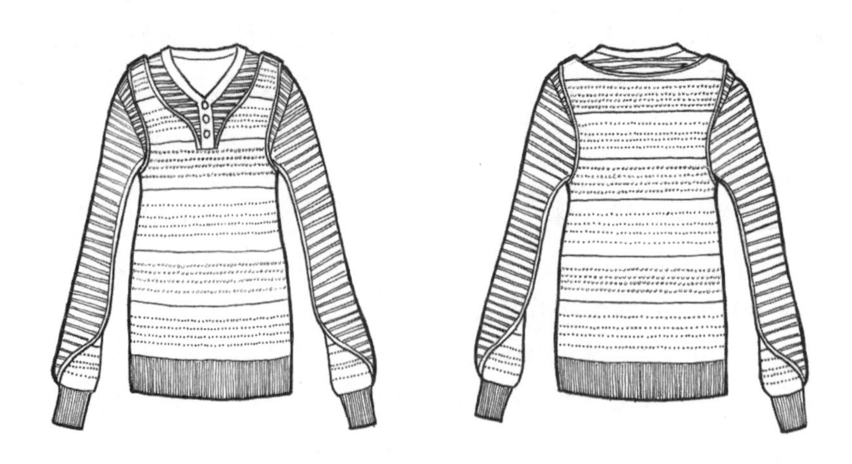

图2-33　假两件套女装款式图

三、匠心精技提示

（1）间色条纹的宽窄变化可以表现出不同的视觉效果：宽度较大的条纹舒展、大气，视觉冲击力强，宽度适中的横条纹平和得体、沉稳大方，宽度小的条纹相对来说较柔美精致，宽度呈渐变效果的横条纹韵律感较强。

（2）假两件套的概念就是看上去象是两件服装，其实是一件。假两件套在服装设计中很常见，如一件衣服的袖子、领子、衣身的下摆或裙体都可以拆换。在服装设计中越来越多地采用毛织和其他材料相结合的设计，如在V领或圆领毛衣中设计一个假衬衫，即有衬衫的领子、袖口和下摆与毛衫结合，使穿着者看上去像是穿了两件衣服。

第十一节　青果领开襟男装设计

一、实操引导

1. 青果领开襟男装款式分析

该款青果领开襟男装为翻领对襟拉链设计，领座、领面与门襟为连体式，后领总高14.5cm，前领自然翻折成驳领式，后领为对半翻折。门襟设计9cm宽的罗纹组织，配金属拉链一条。前衣身有两个袋盖贴袋，袋身折叠出装饰贴条，袋盖开扣眼，钉四眼黑色树脂扣。弯夹、长袖、直筒衣身，袖口、下摆为8cm高的罗纹组织（图2-34）。

2. 青果领开襟男装色彩分析

该款青果领开襟男装的颜色设计选用深灰和浅灰两种颜色，衣身总体为深灰。但门襟、口袋和领底为浅灰，领底的边缘露出一圈浅灰，使领面的重色有了变化，具有与镶边类似的装饰效果。

3. 青果领开襟男装花型分析

该款青果领开襟男装花型在门襟采用1×1罗纹，领子部位为底面异色空气层，衣身胸宽线以上为令士，胸宽线以下为纬平针，口袋为纬平针，衫摆、袖口处采用了2×1罗纹设计，

(a) 正面

(b) 背面

图2-34 青果领开襟男装实物图

袖身的袖山部分与胸宽线连接处以上为令士，以下为纬平针。空气层、1×1罗纹和纬平针这三种花型外观上看很相似，但在胸宽线以上设计了令士组织，打破了花型形式的单一感。

4. 青果领开襟男装装饰分析

该款青果领开襟男装设计了两个装饰性口袋，方形贴袋并不实用，却能增强服装的厚实感。该款令士花型在肌理上与其他花型形成对比，具有一定的装饰性效果。

5. 青果领开襟男装功能及搭配分析

该款毛衫是采用粗针编织的外穿型服装，厚实感强，可于春秋或冬季穿着，具有较好的保暖功能。青果领、方形贴袋和拉链门襟等元素让其显得较为休闲，在搭配时可穿牛仔裤或休闲西裤，配穿休闲皮鞋和运动鞋均可。

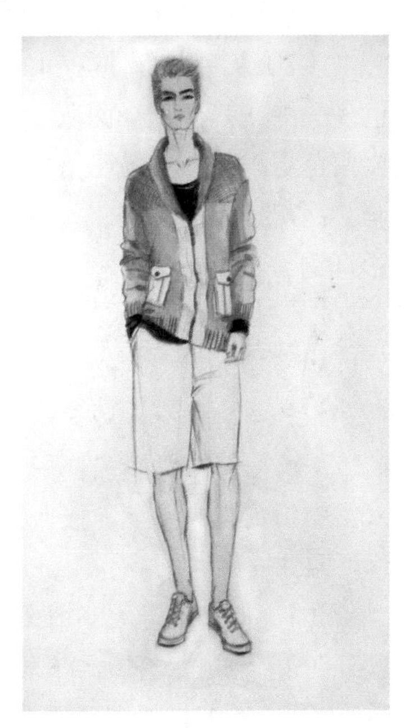
图2-35 青果领开襟男装效果图

二、师徒手导

1. 青果领开襟男装效果图绘制（图2-35）

（1）青果领的造型、长度要表达准确，后领包裹颈部形成的翻折线不可忽视。

（2）拉链门襟、口袋交代清楚。

（3）准确表达服装的整体造型，并将粗针厚实的肌理质感表现到位。

（4）服装上的花型，特别是胸宽线以上的令士组织有较好的表现技巧。

2. 青果领开襟男装款式图绘制（图2-36）

（1）要将服装上的各部件如领子的造型及与门襟的关系，口袋的造型、位置准确清楚地表现出来。

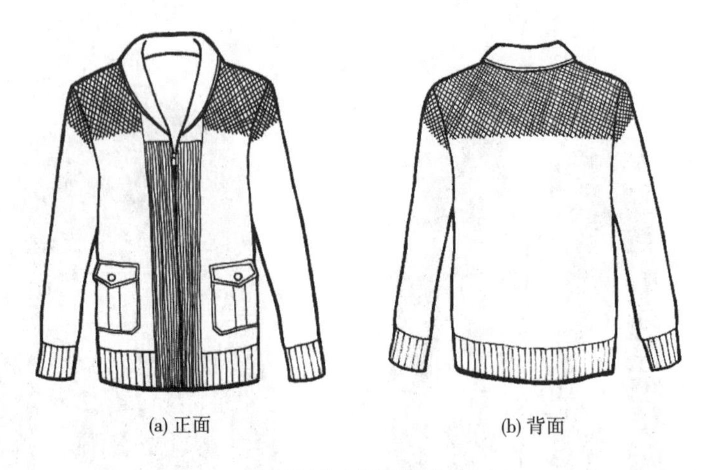

图2-36　青果领开襟男装款式图

（2）门襟与下摆、袖口的罗纹组织宽度不一致，请注意区分。

三、匠心精技提示

（1）毛衫的门襟工艺分为连门襟与装门襟，连门襟是毛衫衣片和门襟一同织出，装门襟是单独织好门襟后与衣身缝合。

（2）灰色是介于黑白之间的色调，有人喜欢白色多一些，就会选择浅灰；有人喜欢黑色多一些，就会选择深灰。灰色毛衫在秋冬季节可以说是非常受欢迎的，没有黑色的沉重，比白色更耐脏，又易于搭配。想要搭配出高级灰的效果，可以参考以下三点：浅灰搭配浅色调、深灰搭配深色调、一身灰统一色调，当然也可以黑白灰同时上阵，这就要看穿着者的色彩直觉了。

思考与练习

根据本章每一节师徒手导的步骤分别画出组合式披肩围巾、彩条谷波短裙、无袖高领女装、杏领间色长袖衫、高领插肩长袖衫、船领中袖挑孔女装、圆领局部提花女装、绞花开襟衫、双层领冚毛直夹女装、假两件套女装、青果领开襟男装这11件毛衫的设计效果图和款式图。

要求：

（1）使用八开大小的美术用纸。

（2）绘制颜料工具不限。

（3）可以根据自己的系戴方法画出效果图和款式图。

（4）可以自行设计人物与服装与该款围巾搭配。

（5）完成实操评价表（附录1）。

实操理论——

毛织服装产品拓展设计实操

课题名称： 毛织服装产品拓展设计实操

课题内容： 毛织花型拓展设计

毛织女上衣拓展设计

毛织连衣裙拓展设计

课题时间： 12课时

教学目的： 1. 深入了解结构花型、提花花型和嵌花花型的各自特点，了解它们在毛织服装设计中的作用和意义，熟悉毛织花型设计的基本原理和方法，能够根据产品生产要求绘制出毛织服装的设计款式图。

2. 了解毛织女上衣、连衣裙产品设计原理和设计要素，掌握对女上衣、连衣裙产品设计的分析方法，并能运用到实际的毛织产品设计中。

教学方式： 案例教学法、项目教学法

第三章　毛织服装产品拓展设计实操

毛织服装的产品设计是根据毛织服装市场的供需状况提出的产品开发方案而进行产品开发工作，毛织服装拓展设计是根据某一样品进行二次设计，是毛织服装产品开发和设计的重要手段。是以某一产品为基本型或模板进行款式、色彩、材料、工艺和装饰朝纵向和横向展开，加入时尚和流行元素，实现产品的开发。企业在进行产品开发与设计过程中，通过市场调研搜集产品的新样式、新材料、新工艺等资讯，实现为新产品赢得消费的目的。

本项目中“任务拓展设计”的内容，共设置了毛织花型拓展设计与应用；女装上衣产品拓展设计；连衣裙产品拓展设计三个任务。通过这些任务建立一个以发散思维进行设计与拓展平台，帮助学习者逐步掌握一套由点铺面的学习方法。

第一节　毛织花型拓展设计

一、实操要点

1. 实操描述

本节学习内容是以毛织花型设计与应用为任务，展开对毛织结构花型、提花花型、嵌花花型的形式和特点的研究，通过对毛织花型概念的理解，对毛织花型种类的认识，对毛织花型设计要素的分析，寻找出拓展设计毛织花型设计规律，领会毛织花型设计要领。根据设计要素，完成三种花型毛衫的设计，绘制出毛衫款式图，同时掌握毛织花型设计和绘画的技能。

2. 实操重点

本节学习内容的重点是熟练掌握三种花型的毛衫设计、绘画和应用技能。

3. 技能目标

通过学习本节内容，熟练绘制出结构花型、提花花型、嵌花花型的毛衫款式图，并掌握毛织服装设计技能。

4. 知识目标

通过学习本节内容，深入了解结构花型、提花花型和嵌花花型的各自特点，了解它们在毛织服装设计中的作用和意义，熟悉毛织花型设计的基本原理，熟悉毛织花型设计的要素和方法，懂得毛织花型在毛织服装设计中的应用方法。

二、实操引导

1. 花型及花型设计概念

花型是构成毛织服装织片过程中呈现出来的结构纹理和图形形式，是毛织织片编织成形的基础。在毛织行业中，“花型”也是毛织组织，花型设计是根据毛织服装所需要而进行纹理和图形设计的行为。

2. 花型的种类

根据毛织服装纹理及图形呈现的形式和花型编织的工艺习惯，将花型分为三类，分别是结构式花型（图3-1）、提花式花型（图3-2）和嵌花式花型（图3-3）。

（1）结构式花型，是在编织过程中改变前后针床织针编织动作或织针行走方向，而在织片表面呈现出（除纬平针以外）凹凸肌理或松散效果等纹理变化的花型。

（2）提花式花型，是在编织过程中以颜色组合形成绘画效果的图纹花型，图纹中的颜色可相互渗透，可再现出书画、油画、水粉画、水彩画等各种绘画作品。

（3）嵌花式花型，是在编织过程中以颜色组合构成图案的花型，图案中的各种颜色在独立区域内形成，色块之间有清楚的边框，不能相互渗透。

图3-1　结构花型（脱圈组织）

图3-2　提花花型

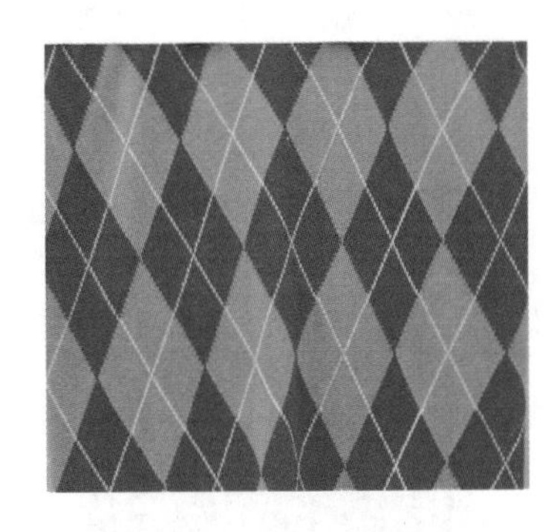

图3-3　菱形嵌花花型

3. 花型设计要素（图3-4）

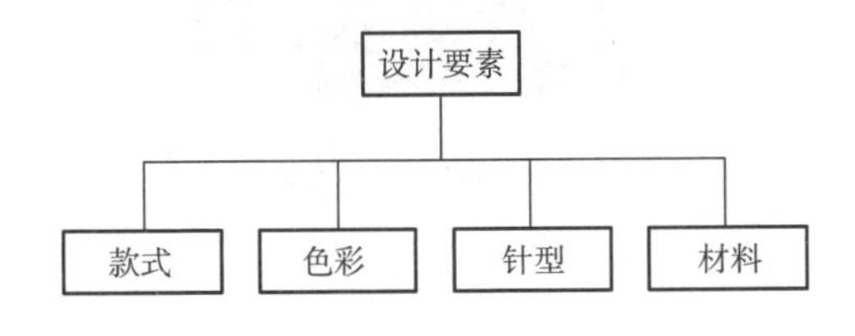

图3-4　花型设计要素

4. 花型设计

（1）结构式花型设计。

①图形设计法：任何单色肌理设计图形，都可以在结构花型中形成抽象的剪影式图纹。在编织过程是通过底、面针转换而获得图形效果，如人物、动物、花草、几何形等，如图3-5所示。

②线条设计法：设计出各种线条，并由线条形成的图形，都要以在结构花型中形成立体的线条肌理和抽象的线条图像。在编织过程中通过搬针和转换底、面针方法获得设计效果，

如直线、斜线、曲线、交叉线、图形线，在毛织服装中应用最为广泛的是阿兰花、扭绳等，如图3-5所示。谷波组织是横条纹形成的特殊方法，立体感强。条纹色彩变化丰富，是结构花型中唯一可以改变多种颜色和改变线条粗细的形式。

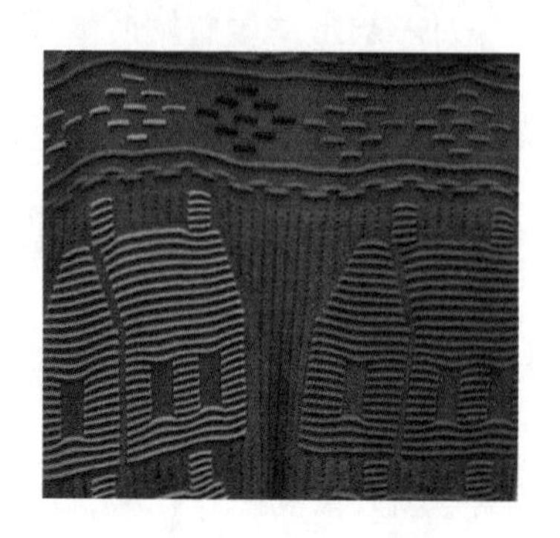

图3-5 房屋图案的结构花型

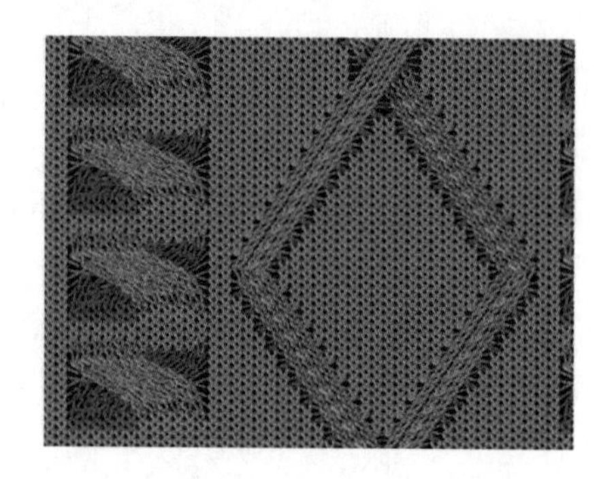

图3-6 阿兰花和扭绳结构花型

③粗细针与疏密纹设计法：在平面上设计出有松有紧的质地效果，都可以在结构花型中实现，在编织过程中通过调整织针编织的密度获得设计效果，如单面直条集圈组织（图3-7）、菠萝组织等（图3-8）。在平面上设计出孔状纹理或图形的方法，都可以在结构花型中实现，在编织过程中通过移针方法，在织片上形成眼洞（编织上就叫挑孔），在设计中可根据孔眼的排列组合形成抽象的图形（图3-9）。

图3-7 单面直条集圈组织

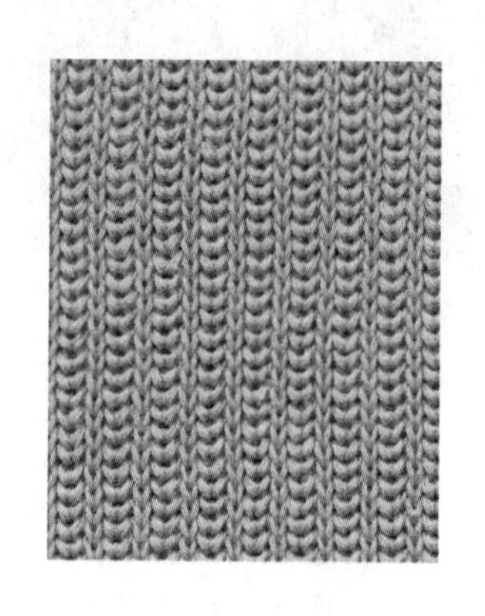

图3-8 波萝组织

图3-9 心型挑孔组织

（2）提花式花型设计。

①绘画作品设计法：各种绘画作品都可以在提花式花型编织中实现，将绘画好的作品导入后进行可编织的色彩数量设置，即可形成（图3-10）。

②平面图案设计法：各种图形的色彩图案都可以在提花式花型中实现，编织处理同上（图3-11）。

需要注意的是，在使用提花花型设计毛衫时应注意电脑横机对提花颜色数量有限制，应根据服装的厚薄程度和柔软程度度设计并控制好绘画作品或图案作品的颜色数量。

（3）嵌花式花型设计。

以色彩构成的方法设计出来的各种图案，都可以在嵌花式花型中实现（图3-12）。嵌花

图3-10　毛织《五牛图》（局部）

图3-11　人物提花图

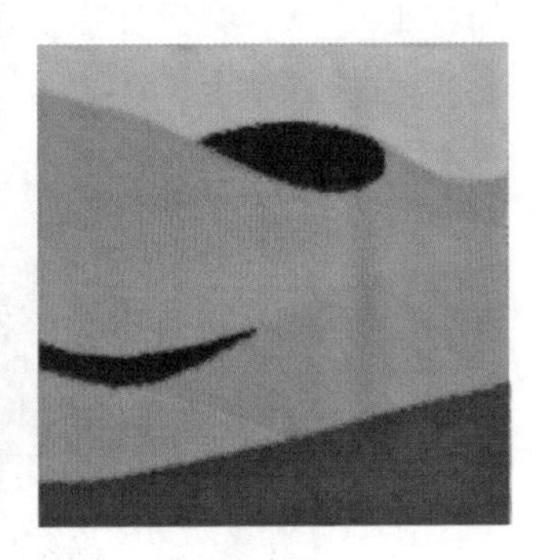

图3-12　嵌花式花型图

式花型在编织过程中，受机器参与编织的纱嘴数量的限制，应根据机器的编织功能和纱嘴数量设计并控制好色彩构成图案作品中的颜色数量。相同花型在不同的色彩、针型、材料的使用上会形成不同的效果。嵌花不仅要根据图形中的色彩应用确定色彩的数量，还要在编织工艺中实现能够参与颜色编织的纱嘴数量，因此在设计嵌花花型时要构思花型的布色结构上的转折角度，否则就会无端增加不必要的纱嘴参与到编织中，浪费资源。嵌花在毛织服装设计的应用上，对颜色数量的限制主要是编织纱嘴数是否能够满足编织。

5. *花型在毛织服装设计中的应用*

（1）整体使用法：相同的结构花型、提花花型、嵌花花型图案在服装上的整体应用，就是同一组织结构在整件毛织服装中全面使用，这是毛织服装传统和最常使用的方法，这种应用的优点是整体统一，节省了花型设计、画花工艺和编织时间。若花型单一觉得平淡，可适当变化组织的大小、疏密或排列方向，也可以在毛衫款式、材质、色彩和装饰上进行变化（图3-13、图3-14）。

图3-13　整体使用罗纹组织的毛衫

图3-14　整体使用谷波组织的毛衫

（2）局部使用法：在服装的某个部位使用花型，让花型不要单纯地成为织片的结构，而是要成为富有设计意义的装饰。可以将纬平针作为服装的基本底纹，在服装的领部、肩部、胸部、腰部、门襟部、衣摆部、袖臂部、袖口等任何部位使用另外的结构花型，形成图形布局与肌理之间的对比（图3-15、图3-16）。

图3-15　局部使用扭绳组织的毛衣

图3-16　局部使用罗纹组织的毛衣

三、师徒手导

花型拓展设计、绘制与拓展应用实操案例

案例1：结构花型的拓展设计、绘制与应用实操

实操要求：根据图3-17所示的毛织服装的结构花型进行拓展设计，并绘制正面、背面服装款式图。

设计分析：如图3-17所示的模特身着的毛衫结构花型主要为扭绳、罗纹、平针组织，因局部扭绳组织采用白色线，与服装主色产生对比效果，使扭绳组织的装饰性更强了。根据该款毛衫特点设计了一款毛织套头衫（图3-18），主要运用了扭绳、令士、罗纹组织，为了打破扭绳组织的刻板印象，在扭绳组织末端增加了同色、同材质、同宽度的手工罗纹编织带，创造扭绳散开的视觉假象，使服装效果更有活力。

案例2：提花式花型拓展设计、绘制与应用实操

实操要求：根据图3-19所示的毛织服装的提花花型进行拓展设计，并绘制应用设计图。

设计分析：图3-19所示毛衫款式来自被誉为“山羊绒之王”的品牌Brunello Cucinelli 2019年春夏女装系列，该款毛衫采用粗针提花组织编织的几何图案，金属亮片点缀，白色、卡其色、黑色的组合仿佛带人重回旧日时光。根据该款毛衫特色设计了一款细针机器编织的羊绒衫（图3-20），木材的天然色调构成了几何提花图案，袖子、领子和前片局部均为线条感罗纹组织，与提花组织形成肌理对比，加上质感轻盈的亮片装饰，给本款毛衫的低调色彩增添生机。

图3–17　结构花型毛衫

图3–18　结构花型毛衫设计

图3–19　提花花型毛衫

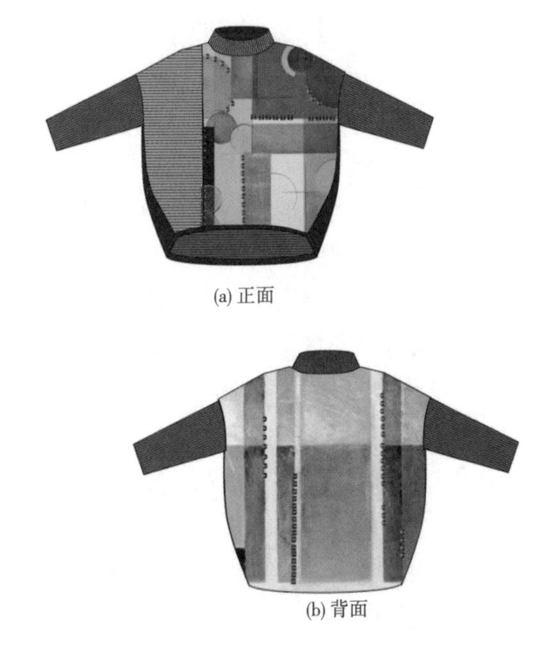

图3–20　提花花型毛衫设计

案例3：嵌花式花型拓展设计、绘制与应用实操

实操要求：根据图3–21所示的毛织服装的嵌花花型进行拓展设计，并绘制应用设计图。

设计分析：图3–21所示的模特穿着的毛衫特点是嵌花组织编织的抽象图案，色彩饱和度较高，根据该毛衫嵌花组织的特点设计了一件下摆收紧的短款套头毛衫（图3–22），利用嵌花组织编织了抽象风景图案，袖子有流苏装饰强调动感，主色为橘色，搭配黄色、蓝色，

图3-21　嵌花花型毛衫

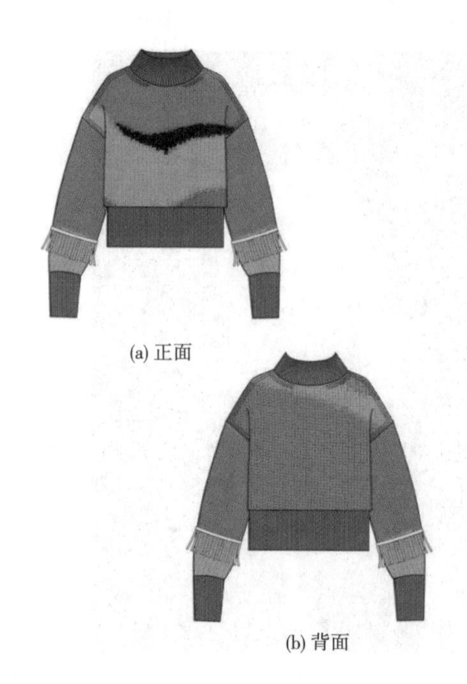

(a) 正面

(b) 背面

图3-22　嵌花花型毛衫设计

点缀黑色。若此款与柔和的裙子搭配，是一种较为含蓄的诠释；与夸张牛仔裤搭配，则是青春、活力的假日造型。

四、匠心精技提示

（1）花型与针型的关系，相同花型与不同针型而呈现不同的视觉效果，细针花型是粗针花型的缩小板，反过来粗针花型是细针花型的放大板。细针花型显得精巧细腻，粗针花型显得豪放粗犷。多色图形以越细的针型编织逼真度越高，反之越以粗针编织越显得失真。

（2）花型与洗水整烫，毛织面料在刚编织出来时往往呈现出被拉长的情况，自然编织的花型与设计稿的形状相差很大，所以需要经过洗水和整烫来恢复花型的原貌。

（3）现代电脑横机具有强大的编织功能，除了能编织各种单色结构花型外，还能编织具有很高艺术程度的绘画作品。绘画作品的编织以用14G、16G乃至18G等细针编织效果较好，但由于受到针钩的影响，颜色越多，意味着参与编织的纱线越多，而针型越小则针钩越细，会给编织带来困难，同时纱线越多也会使编织出来的面料增厚。解决了这些问题，才能使编织的颜色不断增加，编织出来的绘画作品更加逼真。

第二节　毛织女上衣拓展设计

一、实操要点

1. 实操描述

本节学习内容是以普通毛织女上衣为产品模板进行产品拓展设计，通过对毛织女上衣概念的理解，对毛织女上衣拓展设计的要素进行分析，寻找拓展设计毛织女上衣产品的规律，领会毛织女上衣设计的要领。根据教师手导学习毛织女上衣设计方法，并进行设计实操，完成一款或多款毛织女上衣产品设计。参照匠心精技的标准完成毛织女上衣拓展设计的效果图绘制、款式图绘制、设计工艺说明撰写三项任务，熟练掌握毛织女上衣设计技能。

2. **实操重点**

本节学习内容的重点是根据毛织女上衣设计案例，完成符合产品设计要求的毛织女上衣设计，包括绘制效果图、款式图和写出设计工艺说明。

3. **技能目标**

通过学习本节内容，能够掌握绘制符合生产要求的毛织女上衣产品设计的相关图纸。

4. **知识目标**

通过学习本节内容，了解毛织女上衣产品设计的基本原理，理解毛织女上衣产品的设计要素，掌握毛织女上衣产品设计的分析方法，并能运用毛织女上衣产品设计的原理和方法开发毛织女上衣新产品。

二、实操引导

1. **毛织女上衣的概念**

毛织女上衣是用毛织工艺编织的女性上身穿着的服装统称，毛织女上衣产品是通过工业流水作业生产而成的女装上衣服装。毛织女上衣的基本结构主要有衣领、衣身、衣袖、门襟、衫摆五个部分。

2. **毛织女上衣的种类**

（1）毛织T恤夏装。

毛织T恤夏装无领或平领较多，常以凉爽透气的桑蚕丝、亚麻为原料，多用挑孔组织、平针组织和细罗纹组织，适合初夏或空调房里穿着（图3–23）。

图3–23　毛织T恤夏装

（2）毛织春秋外衣。

毛织春秋外衣材料选择范围广，款式多变，最受市场欢迎的是易于搭配的套头衫和开衫（图3–24）。

（3）毛织春秋褂衫。

图3-24 毛织春秋外衣

毛织春秋褂衫即无袖上衣，门襟分为半开襟、全开襟、无开襟，V领、圆领较为常见，市场上的毛织褂衫多采用提花、嵌花组织，常用于搭配衬衫（图3-25）。

图3-25 毛织春秋褂衫

（4）毛织保暖衣。

毛织冬季保暖衣以紧身、合体款为主，无领或立领较多，常用弹力大的罗纹组织、平针组织，多采用保暖性和舒适性兼有的羊毛、羊绒材料（图3-26）。

（5）毛织外套。

冬季的毛织外套多采用粗针横机编织的扭绳组织、搬针组织和波纹组织等，有图案的毛织外套大多是细针横机编织的提花组织，厚实、保暖。毛织外套款式众多，翻领长款毛织外套最为经典（图3-27）。

图3-26 毛织保暖衣

图3-27 毛织外套

3. **毛织女上衣的设计要素**（图3-28）

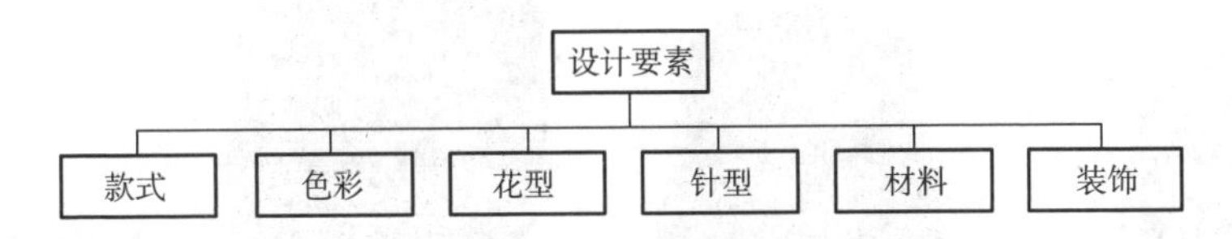

图3-28　毛织女上衣设计要素

4. **毛织女上衣拓展设计**

（1）毛织女上衣各部位拓展设计。毛织女上衣产品在款式上的拓展一般是改变上衣的局部造型，如衣领形式、衣身形状、衣身长度、肩部形态、袖窿形式、袖身形式、袖身长度、袖口形态、门襟形式、衣摆形式。

①拓展衣领形式如图3-29所示。

(a) 圆领衫　(b) V领衫　(c) 翻领衫

(d) 立领衫　(e) 方领衫　(f) 敞领衫

图3-29　不同领形的毛衫

②拓展衣身形状如图3-30所示。

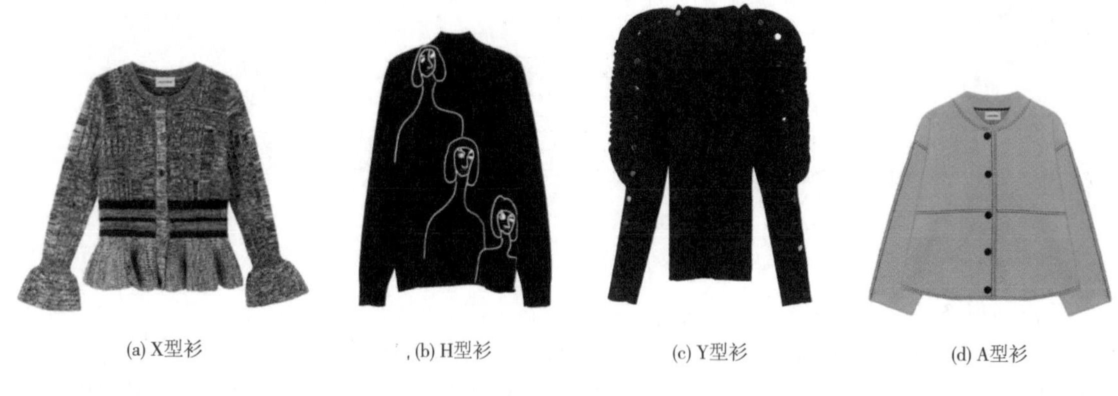

(a) X型衫　(b) H型衫　(c) Y型衫　(d) A型衫

图3-30　不同衣身的毛衫

③拓展衣身长度如图3-31所示。

(a) 长衫　(b) 中长衫　(c) 短衫

图3-31　不同长度的毛衫

④拓展肩部形态如图3-32所示。

(a) 窄肩衫

(b) 宽肩衫

(c) 马鞍肩衫

(d) 脱肩衫

(e) 翘肩衫

(f) 插肩衫

图3-32　不同肩部形态的毛衫

⑤拓展袖窿形式如图3-33所示。

(a) 无袖窿衫（连袖衫）

(b) 弯袖窿衫

(c) 直袖窿衫

图3-33　不同袖窿的毛衫

⑥拓展袖身形式如图3-34所示。

(a) 窄身袖

(b) 宽松袖

(c) 灯笼袖

图3-34

(d) 羊腿袖

(e) 藕节袖

(f) 喇叭袖

图3-34　不同袖形的毛衫

⑦拓展袖身长度如图3-35所示。

(a) 无袖　(b) 短袖　(c) 中袖　(d) 长袖

图3-35　不同袖长的毛衫

⑧拓展门襟形式如图3-36所示。

(a) 全开襟

(b) 半开襟

(c) 无开襟

(d) 扣襟、直襟

(e) 斜襟

(f) 拉链襟（锁襟）

图3-36　不同门襟的毛衫

⑨拓展衣摆形式如图3-37所示。

(a) 开襟直摆

(b) 开襟圆摆

(c) 非开襟直摆

(d) U型摆

(e) 曲线摆

(f) 非对称摆

图3-37　不同衣摆的毛衫

（2）毛织女上衣色彩拓展设计如图3-38所示。

(a) 同种色

(b) 同类色

(c) 对比色

图3-38 不同配色方式的毛衫

（3）毛织女上衣花型拓展设计如图3-39所示。

(a) 结构花型

(b) 提花花型

(c) 嵌花花型

图3-39 不同花型的毛衫

（4）毛织女上衣针型拓展设计如图3-40所示。

(a) 粗型针（1.5G、3G、5G）

(b) 中型针（7G、9G）

(c) 细型针（12G、14G、16G、18G）

图3-40 不同针型毛衫

（5）毛织女上衣编织材料拓展设计如图3-41所示。

(a) 羊绒　(b) 马海毛　(c) 棉纱

(d) 麻纱　(e) 腈纶　(f) 长毛绒安哥拉兔毛混纺

图3-41　不同材料的毛衫

（6）毛织女上衣装饰形式拓展设计如图3-42所示。

(a) 印花女毛衫　(b) 珠饰女毛衫　(c) 染饰女毛衫　(d) 绣花女毛衫

图3-42　不同装饰毛衫

三、师徒手导

毛织女上衣拓展设计案例

实操要求：以图3-43所示的毛织女上衣为原型，通过变化领子形式、衣身形态、衣身结

图3-43　品牌MaxMara女衫

构线、衣身长度、门襟形式、衣摆的形状、肩部形态、袖窿形式、袖身形态、袖身长度、花型、针型、色彩、装饰、材料等要素，完成产品拓展设计。

设计分析：如图3-43所示的服装是品牌MaxMara2019年秋冬秀场上的一件毛织女上衣，该款毛衫看似简单却蕴含心机，因其采用的纱线为具有绒毛效果的拉毛纱，并用细针横机编织衣片，再进行手工拉毛❶才能确保毛纱上面附着的绒毛在衣片正面方向一致，使毛衣面料具有类似动物皮毛的外观效果。根据该款毛织女上衣特点变化领子形式、门襟形式等，设计一款直身、长袖毛衫（图3-44），衣身采用适合东方人肤色的褐色拉毛纱编织，袖子是羊绒编织的同色罗纹组织，袖口有间色设计，衣摆和袖口皆有大小不一的亮片点缀装饰，使毛衫细节更加丰富。因此款毛衫材料和人工成本颇高，故可作为品牌形象款。

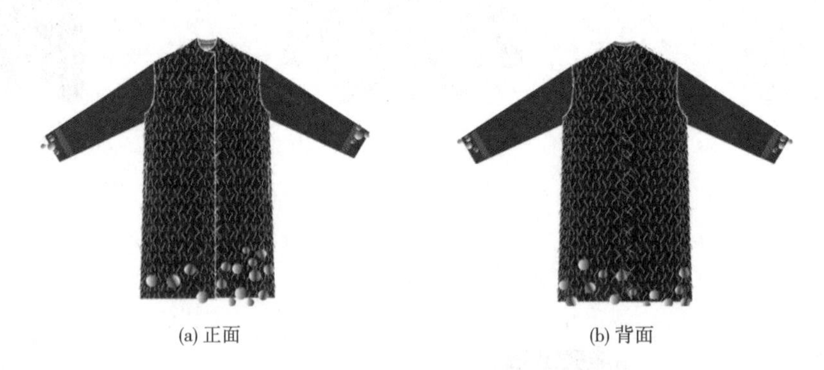

(a) 正面　　(b) 背面

图3-44　毛织女上衣设计

四、匠心精技提示

（1）传统的毛衫主要用于保暖，现代毛衫在女装中里外穿着皆宜。现代毛衫款式变化多样，制作上还可能烫衬、挂里。

（2）毛织服装在设计时其分割线或衣片造型尽可能考量吓数❷工艺的可操作性。因毛衫的衣片通过吓数写出编织针数和转数来实现衣片造型，同时编织出完整的织边。如果衣片因分割太复杂，导致吓数程式计算复杂或编织难以实现完整的织边，这时就只能通过裁剪来达到衣片的成形，但毛织的线圈容易松散，特别是粗针，通过裁剪后边沿就会变形或

---

❶ 拉毛（又称拉绒）是毛衫的后整理工艺之一，但不是必备的加工工艺。经过拉毛工艺，可使毛衫表面产生细密的绒毛，织物变得手感松软、外观丰满、保暖性增强，拉毛可在织物正面、反面进行。

❷ 吓数，是毛织服装编织工艺在南方的叫法，是编织毛衣时根据衣片各部位的结构形式和具体尺寸计算出编织所需要的线圈针数和转数。

脱落。

（3）毛织服装的洗涤和晾晒很重要，洗衣机洗毛织服装因容易拉扯变形，手洗毛织服装因没有脱水晾晒因积水重也会变形，因而选用洗衣机洗衣时要用网兜套上，或用手洗后用洗衣机脱水也要用网兜套上，或在积水较重情况下晾晒也要用网兜套上，以防止衣服变形而无法穿着。纯毛、纯绒毛织服装应选择干洗。

第三节　毛织连衣裙拓展设计

一、实操要点

1. 实操描述

本节学习内容是以普通连衣裙为产品模板进行产品拓展设计，通过对毛织连衣裙概念的理解，对毛织连衣裙拓展设计的要素进行分析，寻找出拓展设计毛织连衣裙产品的规律，领会毛织连衣裙设计的要领。根据教师手导学习毛织连衣裙设计的方法，并进行毛织连衣裙设计实操，完成一款或多款毛织连衣裙产品设计。参照匠心精技的标准完成毛织连衣裙拓展设计的效果图绘制、款式图绘制、设计工艺说明书撰写三项任务，熟练掌握毛织连衣裙设计技能。

2. 实操重点

本节学习内容的重点是根据普通连衣裙模板设计出符合产品设计要求的连衣裙新产品，绘制设计效果图、款式图，写出设计工艺说明。

3. 技能目标

通过学习本节内容，能够熟练绘制出符合生产要求的连衣裙类产品设计的相关图纸，掌握连衣裙设计与绘制设计图的技能。

4. 知识目标

通过学习本节内容，了解连衣裙产品设计的基本原理和设计要素，掌握对连衣裙产品设计任务的分析方法，善于运用连衣裙产品设计的原理和方法开发连衣裙新产品。

二、实操引导

1. 毛织连衣裙的概念

毛织连衣裙是用毛织工艺编织的上衣与裙子连体穿着的服装统称，连衣裙产品是通过工业流水作业生产而成的服装。连衣裙的基本结构主要有上衣和裙身两大部分。

2. 毛织连衣裙的设计要素（图3-45）

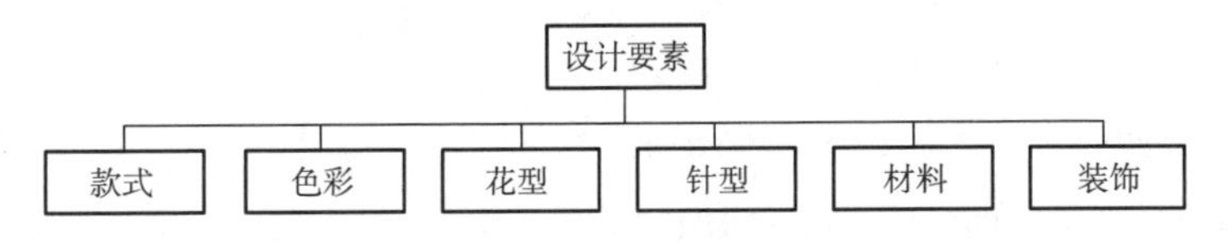

图3-45　毛织连衣裙设计要素

3. 毛织连衣裙拓展设计规律

（1）毛织连衣裙款式拓展规律。

毛织连衣裙产品在款式上的拓展规律是改变连衣裙的局部造型，如衣领形式、裙身形状、裙身长度、肩部形态、袖夹形式、裙袖身形式、裙袖身长度、裙袖袖口形态、门襟形式、裙腰形式和裙摆形式等。

①拓展毛织连衣裙衣领形式如图3-46所示。

(a) 圆领连衣裙　(b) V领连衣裙　(c) 翻领连衣裙

(d) 立领连衣裙　(e) 方领连衣裙　(f) 敞领连衣裙

图3-46　不同领形的毛织连衣裙

②拓展毛织连衣裙衣身形状如图3-47所示。

③拓展毛织连衣裙衣身长度如图3-48所示。

④拓展毛织连衣裙肩部形态如图3-49所示。

⑤拓展毛织连衣裙袖夹形式如图3-50所示。

⑥拓展毛织连衣裙袖身形式如图3-51所示。

⑦拓展毛织连衣裙袖身长度如图3-52所示。

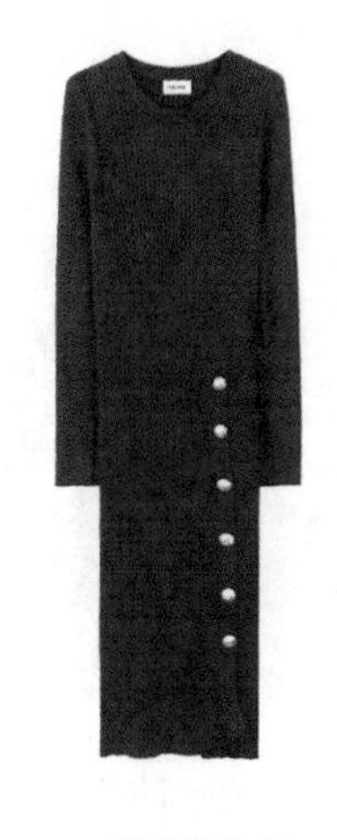

(a) 紧身连衣裙

(b) 合体连衣裙

(c) 宽松连衣裙

(d) A型连衣裙

(e) X型连衣裙

(f) H型连衣裙

图3-47　不同衣身的毛织连衣裙

(a) 短款连衣裙

(b) 中长款连衣裙

(c) 长款连衣裙

图3-48　不同长度的毛织连衣裙

(a) 窄肩　(b) 宽肩　(c) 平肩　(d) 插肩

(e) 挖肩　(f) 一字肩　(g) 吊带肩　(h) 不对称肩

图3-49　不同肩部形态的毛织连衣裙

(a) 无夹连衣裙（连袖）

(b) 弯夹连衣裙

(c) 直夹连衣裙

图3-50　不同袖夹的毛织连衣裙

(a) 窄身袖　(b) 宽松袖　(c) 灯笼袖

(d) 蝙蝠袖　(e) 泡泡袖　(f) 喇叭袖

图3-51　不同袖身的毛织连衣裙

(a) 无袖　(b) 短袖　(c) 中袖　(d) 长袖

图3-52　不同袖长的连衣裙

⑧拓展毛织连衣裙门襟形式如图3-53所示。

⑨拓展毛织连衣裙裙摆形态如图3-54所示。

（2）毛织连衣裙色彩拓展设计规律如图3-55所示。

（3）毛织连衣裙花型拓展如图3-56所示。

(a) 全开襟、直襟

(b) 半开襟、扣襟

(c) 无开襟

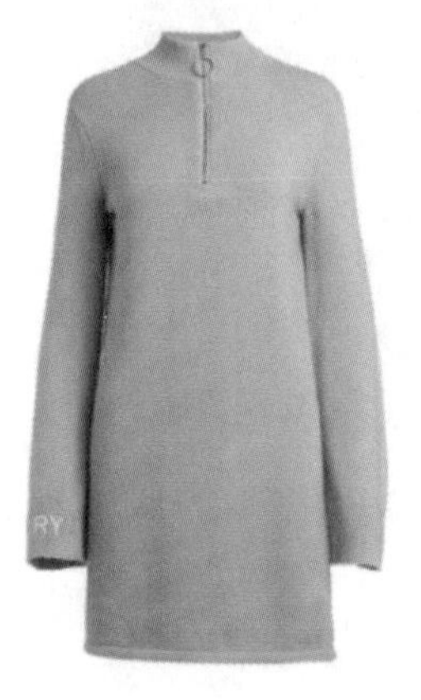

(d) 锁襟（拉链襟）

(e) 斜襟

(f) 曲襟

图3-53　不同门襟的连衣裙

(a) 直摆

(b) 圆摆

(c) U形摆

(d) 曲线摆

(e) 非对称摆

图3-54　不同裙摆的连衣裙

(a) 类似色拓展

(b) 邻近色拓展

(c) 对比色拓展

图3-55　不同配色方式的连衣裙

(a) 结构花型拓展

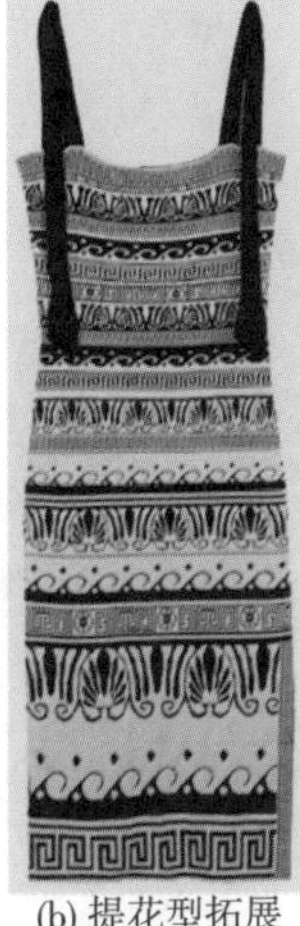
(b) 提花型拓展

(c) 嵌花型拓展

图3-56　不同花型的连衣裙

（4）毛织连衣裙针型拓展（图3-57）。

(a) 粗型针（1.5G、3G、5G）

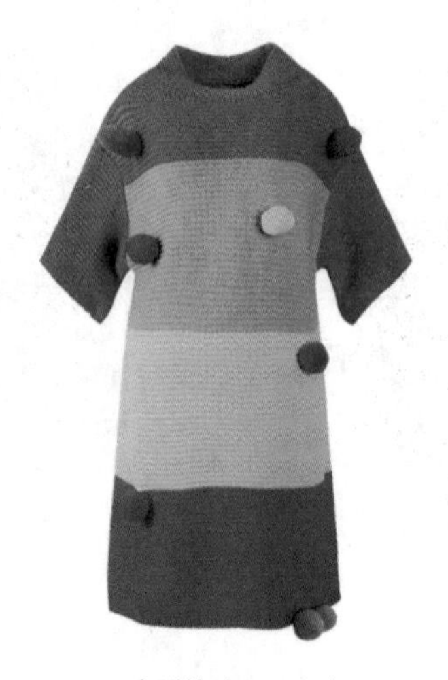

(b) 中型针（7G、9G）

(c) 细型针（12G、14G、16G、18G）

图3-57　不同针种的连衣裙

（5）连衣裙编织材料拓展（图3-58）。

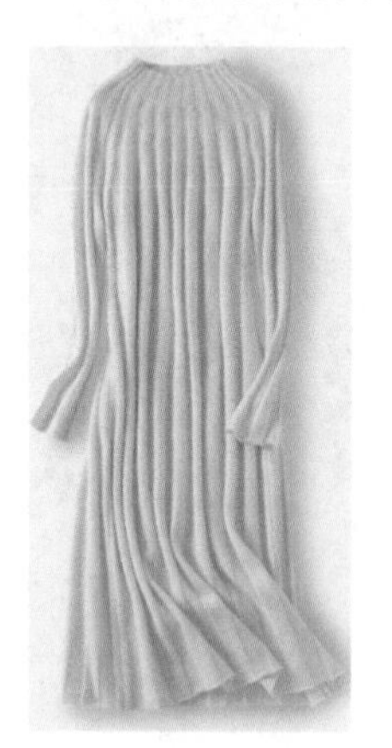

(a) 羊绒

(b) 羊毛

(c) 棉纱

(d) 麻纱

(e) 腈纶

(f) 刷毛纱

图3-58　不同材料的连衣裙

（6）连衣裙装饰形式拓展（图3–59）。

(a) 印花连衣裙

(b) 珠饰连衣裙

(c) 染饰连衣裙

(d) 绣花连衣裙

图3–59　不同装饰的连衣裙

4. **毛织连衣裙产品设计要求**（图3–60）

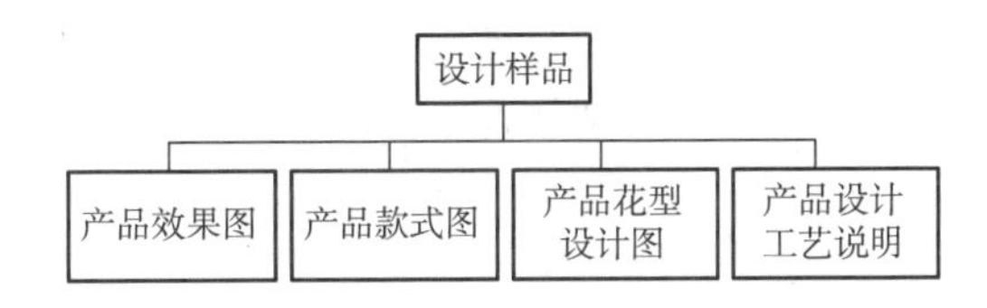

图3–60　连衣裙产品设计要求

三、师徒手导

连衣裙拓展设计案例

实操要求：以图3–61所示的毛织连衣裙为原型，通过变化领子形式、裙身形态、裙身结构线、裙身长度、门襟形式、衣摆的形状、肩部形态、袖夹形式、花型、针型、色彩、装饰、材料等要素，以完成产品拓展设计任务。

图3–61　毛织连衣裙

设计分析：如图3–61所示为一长款灰色无袖毛织连衣裙，主要运用了罗纹组织，特色在于织法紧实，廓型简洁，是易于搭配不挑身材的基本款毛织连衣裙。根据该款连衣裙设计了一款六个针板的14G无缝电脑横机编织的半转过令士组织毛织裙（图3–62），此款造型为直身型，V领假开襟，裙摆前短后长，且两侧有开衩设计，采用精纺羊绒编织，符合无缝电脑横机对款式简洁、材料精良的要求。此款为360°成型（传统是两侧成型）的“织可穿”，组织图案连贯完整，结构变化体现均衡

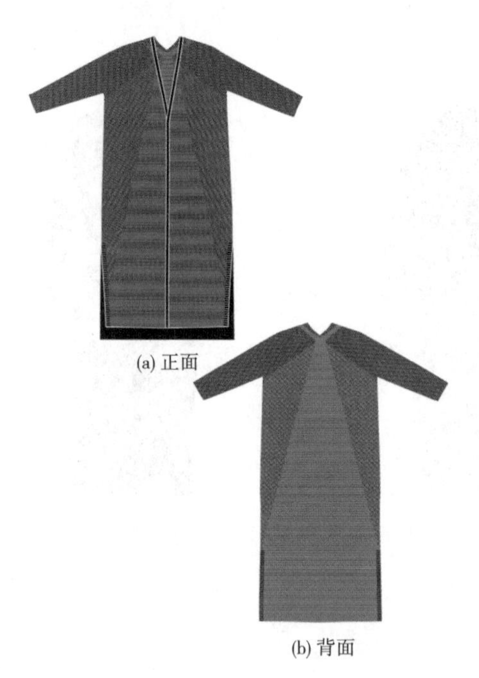

(a) 正面

(b) 背面

图3-62　毛织连衣裙设计

美，是经典长销的款式。

四、匠心精技提示

（1）连衣裙是将上衣与裙子连为一体，为此，其连接方式有两种，一种直连式，即上衣与裙子为一个整体，相互之间没有拼接线；另一种上衣与裙子拼接式，即上衣与裙子之间有一条拼接线。为此，在设计中可以利用好这条拼接线来丰富连衣裙的造型变化，拼接线可以在胸围下方，或腰节上下，或臀线上下。

（2）因毛织服装易变形，在设计口袋时多用于装饰，若放置略重的东西，会使口袋和服装都拉扯变形。

（3）服装设计的造型，即服装的轮廓设计，又称廓型或外形。服装轮廓的作用：体现服装的总体风格，反映社会的时代风貌，传递着市场的流行特征，指导着企业的生产方向。服装设计常见的有五大造型：A型、H型、X型、O型、Y型。A型活泼、可爱，H型简洁、明快，X型优雅、流畅，O型柔和、自然，Y型潇洒、挺拔。

思考与练习

1. 按照本章每节的师徒手导的任务和要求，分别对结构式、提花式、嵌花式三款花型进行拓展设计，画出设计作品的款式图，能力较强者可同时绘制穿着效果图。

2. 上网查找并保存最新的毛织服装流行趋势资料，根据个人喜欢的毛织服装图片按照师徒手导的步骤拓展2款毛织女上衣、2款毛织连衣裙产品设计，并画出所设计作品的款式图，能力较强者可画出穿着效果图。

要求：使用八开或四开大小的纸张（纸质不限）；绘制颜料工具不限；效果图所配服饰要完整；完成实操评价表（附录2）。

参考文献

[1] 沈雷，郭丽芳，李晓英.针织毛衫组织设计［M］. 上海：东华大学出版社，2009.

[2] 郭凤芝. 针织服装设计基础［M］. 北京：化工工业出版社，2008.

[3] Juliana Sissons. Basics Fashion Design Knitwear［M］. AVA Book Production Pte. 1td，Singapore，2010.

[4] 倪军，李艳艳. 针织服装产品设计［M］. 上海：东华大学出版社，2011.

[5] 贺庆玉. 针织概论［M］. 北京：中国纺织出版社，2012.

[6] 丁钟复. 羊毛衫生产工艺［M］. 北京：中国纺织出版社，2012.

[7] 刘莎妮娅. 毛针织女装设计中罗纹的应用及造型重构研究［D］. 上海：东华大学，2012（12）.

[8] 沈雷，陈国强. 基于组织结构的毛衫［J］. 装饰设计应用，第32卷第12期：2011（12）.

[9] 李晓英. 组织结构对毛衫设计风格的影响［J］. 纺织学报，2011（12）：vol.32，no.11.

[10] 陈红娟. 基于集圈组织结来源于构的毛衫织物设计及其应用［J］. 毛纺科技，vol.42，no.9，2014（9）.

[11] 陈红娟. 基于移圈组织结构毛衫织物设计及应用［J］. 毛纺科技，vol.42，no.12，2014（12）.

[12] 图片来源于：http://www.vogue.com.cn/.

[13] 图片来源于：https://www.taobao.com.

[14] 图片来源于：http://www.santoni.cn/zh-hans.

[15] 图片来源于：https://wenku.baidu.com/u/冯晓天香港？from=wenku.

附录

附录1 基础任务实操评价表

1. 效果图评价

评价内容	分值	完成效果很好	完成效果较好	完成效果差	不完成
人物表现效果	20	17~20	14~16	12~13	0~11
款式表现效果	20	17~20	14~16	12~13	0~11
花型表现效果	20	17~20	14~16	12~13	0~11
材质表现效果	15	13~15	10~12	7~9	0~6
色彩表现效果	15	17~20	14~16	12~13	0~11
细节表现效果	10	9~10	7~8	5~6	0~4

2. 款式图评价

评价内容	分值	完整效果很好	完整效果较好	完整效果差	不完整
比例表现效果	15	12~15	8~11	4~7	0~3
花型表现效果	20	17~20	14~16	12~13	0~11
色彩表现效果	20	17~20	14~16	12~13	0~11
工艺表现效果	30	26~30	20~25	15~19	0~14
细节表现效果	15	12~15	8~11	4~7	0~3

附录2 拓展任务实操评价表

1. 款式图评价

评价内容	分值	完整效果很好	完整效果较好	完整效果差	不完整
比例表现效果	15	12 ~ 15	8 ~ 11	4 ~ 7	0 ~ 3
花型表现效果	20	17 ~ 20	14 ~ 16	12 ~ 13	0 ~ 11
色彩表现效果	20	17 ~ 20	14 ~ 16	12 ~ 13	0 ~ 11
工艺表现效果	30	26 ~ 30	20 ~ 25	15 ~ 19	0 ~ 14
细节表现效果	15	12 ~ 15	8 ~ 11	4 ~ 7	0 ~ 3

2. 设计工艺说明评价

评价内容	分值	完整效果很好	完整效果较好	完整效果差	不完整
设计工艺说明完整	30	26 ~ 30	20 ~ 25	15 ~ 19	0 ~ 14
设计思路清晰	30	26 ~ 30	20 ~ 25	15 ~ 19	0 ~ 14
工艺指引清晰	30	26 ~ 30	20 ~ 25	15 ~ 19	0 ~ 14
材料与产品适配	10	8 ~ 10	6 ~ 7	4 ~ 5	0 ~ 3

3. 效果图评价

评价内容	分值	完整效果很好	完整效果较好	完整效果差	不完整
人物表现效果	20	17 ~ 20	14 ~ 16	12 ~ 13	0 ~ 11
款式表现效果	20	17 ~ 20	14 ~ 16	12 ~ 13	0 ~ 11
花型表现效果	20	17 ~ 20	14 ~ 16	12 ~ 13	0 ~ 11
材质表现效果	15	13 ~ 15	10 ~ 12	7 ~ 9	0 ~ 6
色彩表现效果	15	17 ~ 20	14 ~ 16	12 ~ 13	0 ~ 11
装饰表现效果	10	9 ~ 10	7 ~ 8	5 ~ 6	0 ~ 4